健康素食

张婷 著

電子工業出版社
Publishing House of Electronics Industry
北京 · BEIJING

图书在版编目（CIP）数据

健康素食 / 张婷著. -- 北京 : 电子工业出版社，
2025. 5. -- ISBN 978-7-121-50069-5

Ⅰ. TS972.123

中国国家版本馆CIP数据核字第2025QR3441号

责任编辑：黄益聪
印　　刷：天津画中画印刷有限公司
装　　订：天津画中画印刷有限公司
出版发行：电子工业出版社
　　　　　北京市海淀区万寿路 173 信箱　邮编：100036
开　　本：720×1000　1/16　印张：10　字数：93 千字
版　　次：2025 年 5 月第 1 版
印　　次：2025 年 5 月第 1 次印刷
定　　价：49.80 元

凡所购买电子工业出版社图书有缺损问题，请向购买书店调换。若书店售缺，请与本社发行部联系，联系及邮购电话：（010）88254888，88258888。

质量投诉请发邮件至 zlts@phei.com.cn，盗版侵权举报请发邮件至 dbqq@phei.com.cn。

本书咨询联系方式：（010）68161512，meidipub@phei.com.cn。

目录

CONTENTS

Part 1

清新素凉菜

Part 2

淡雅素热菜

Part 3

温润素汤饮

Part 4

美味素主食

Part 5

诱人素甜品

营养素食，保障健康

什么是素食

素食，顾名思义，就是不食用家畜、家禽、海鲜等动物肉类的一种饮食方式。素菜是素食中的一种，也就是用非动物性的烹饪材料，如蔬果、菌类、粮食等食材烹饪出来的菜肴。一般认为，素食分为寺院素食、宫廷素食、民间素食等。寺院素食选材较为严谨，而宫廷素食和民间素食就不特别严格了。通常素食中也可包含蛋、奶制品。

吃素好处多

◎**经济实惠。**绝大多数的蔬菜、水果、菌类的价格比肉类便宜很多，尤其是蛋白质含量丰富的豆类食材价格更是异常便宜。

◎**保健功效显著。**多食用素食可以降低人体胆固醇的含量，可以缓解并预防动脉硬化及其他心血管和高血压等疾病。

◎**养生抗癌。**多项医学研究表明，植物里含有大量维生素、花青素等抗癌物质，多食用可降低我们患癌症的概率。

◎**瘦身美容。**素食不同于肉类食物含有较多的脂肪，素食中含有丰富的维生素，可以使我们的肌肤变得美丽动人，起到瘦身美容的作用。

料理素食的三大方针

方针一 油、盐各少许，糖适量

无论是荤是素，我们都应该采取少油、低盐、低糖、低脂的方式烹饪，尽量采取汆烫、清蒸、凉拌的烹饪方式，以此来保留食物中的维生素。

方针二 食物互补不容忽视

食物搭配相宜，可以提高食物中营养素的利用价值，使得养生功效倍增。如白萝卜和豆腐搭配一起吃，就可以起到健脾养胃、消食除胀的功效。

方针三 慎重选择素食加工食品

在选择素食加工食品时，要仔细阅读该加工食品的添加剂用量，最好选择天然成分较多的素食加工食品，以防对身体不利。

自制素食调料，烹饪更有味道

教你自制美味剁椒

适宜烹饪方法　快炒、红烧、爆炒等

适宜推荐单品　豆制品、菌菇、土豆、蛋类

材料

红辣椒	250克
姜	适量
蒜	适量

调料

盐	适量
白糖	适量
白酒	适量

做法

❶ 红辣椒去蒂，洗净，沥干，剁碎。

❷ 蒜去皮，姜洗净，沥干，姜和蒜一同剁碎。

❸ 将辣椒碎、姜蒜碎放入大碗中，加盐、白糖拌匀，装入一干净罐中，放入适量白酒，覆盖保鲜膜，密封，放入冰箱冷藏保存10天即可。

教你自制辣椒油

适宜烹饪方法　凉拌、快炒、红烧、爆炒等

适宜推荐单品　香辣口味的所有蔬菜

材料

干辣椒	25克
白芝麻	适量
姜片	适量

调料

草果	适量
桂皮	适量
大料	适量
香叶	适量
花椒	适量

做法

❶ 干辣椒洗净，沥干，切成末。

❷ 花生油放入锅内，油温热后放入所有调料炸出香味；待香叶、姜片变色后捞出；锅内热油烧至八九成热，关火。

❸ 取一耐热的容器，放入白芝麻和干辣椒末，混合均匀，浇热油在干辣椒末上。待辣椒油凉凉后即可装瓶，保存1周后食用风味更佳。

教你自制葱油

适宜烹饪方法　凉拌、快炒、红烧等

适宜推荐单品　白萝卜、莲藕、芦笋等

材料

小葱	100克
洋葱	20克

调料

大料	1粒
花椒	10粒

做法

❶ 小葱切段，洋葱洗净切块。

❷ 净锅置于火上，倒入适量植物油，待油还没有热起来的时候倒入所有材料，并用中火烧至油滚，再改用小火慢慢熬，等小葱变得焦黄时即可关火，凉凉后捞去调料渣及洋葱块即可获得葱油。

教你自制豆瓣酱

适宜烹饪方法 快炒、红烧等

适宜推荐单品 豆制品

材料		调料	
鲜红辣椒	2500克	盐	500克
干辣椒	1000克	花椒	25克
干豆瓣	1000克	高度白酒	400克
姜末	500克	菜籽油	适量

（可根据需求自行增减量。）

做法

❶ 干豆瓣放入清水中浸泡，然后用水冲洗干净，放入沸水中汆烫后捞出沥干，再用白酒浸泡一夜。

❷ 将鲜红辣椒用搅拌机打成辣椒酱，干辣椒用搅拌机打成粉。

❸ 辣椒酱与辣椒粉、姜末、豆瓣、盐、花椒、菜籽油搅拌均匀，成豆瓣酱。

❹ 将豆瓣酱装入密封的容器中，并在容器口用菜籽油封坛，发酵1个月即可。

教你自制蘑菇精

适宜烹饪方法 快炒、红烧、凉拌等

适宜推荐单品 豆制品及各种蔬菜

材料

香菇	50克
茶树菇	20克
姜	1块

调料

冰糖	10克
盐	10克

做法

❶ 将香菇、茶树菇洗净后沥干水分；盐和冰糖研成粉末，过筛；姜切碎。

❷ 把晾干的香菇和茶树菇切丁，放在平底锅上，用大火烘烤10分钟，并时刻翻面，直至水分全部蒸发即可。

❸ 把烘干的香菇丁和茶树菇丁放入搅拌机里，打碎成粉末。再用筛子把这些粉末筛一遍，去粗存细。把过好筛的蘑菇粉、冰糖粉、盐粉和姜碎倒在一个碗中搅拌，蘑菇精就制成了。

教你自制花椒油

适宜烹饪方法 快炒、红烧、凉拌等

适宜推荐单品 土豆、莲藕、芦笋、圆白菜等蔬菜

材料

花椒 500克

做法

❶ 将花椒清洗干净，沥干水分。

❷ 锅置火上，擦干锅内水分，将植物油倒入锅内，放入沥干水分的花椒。

❸ 将火开到中火，油沸后转成小火，继续熬约10分钟，直至将花椒的香味完全熬出为止。

素食的常用调配料

番茄酱 是添色、增酸、助鲜的绝佳调味品。

素蚝油 主要是由香菇和酱油制作而成的，提鲜效果非常好。

酱　油 是居家必备的调味品之一。由豆、麦、麸皮制作而成，增色助鲜，促进食欲。酱油有生抽和老抽两种。生抽主要用于增加菜肴的鲜味，老抽主要用于给菜肴上色。

醋 醋的种类很多，大部分由粮食、甘薯、马铃薯等淀粉丰富的材料发酵而成，香味浓郁，酸甜适中，是调味佳品。

鸡　精 在味精的基础上加入化学调料研制而成的，提鲜效果极佳。

干香菇 无论是爆炒还是煲汤，都抵挡不住其浓郁的香味。

红辣椒 既可调味又可调色。

香　菜 味清香，是凉拌、煲汤不可或缺的提味调料。

姜 具有浓烈的芳香和辛辣味，是厨房不可或缺的烹饪调料。

Part 1

清新素凉菜

豆芽拌双菇

材料 金针菇200克，蟹味菇100克，黄豆芽、豆苗、蒜末各适量。

调料 生抽、醋、盐、白糖、香油各适量。

做法 ❶黄豆芽放在水中浸泡10分钟，中途换水1～2次；豆苗去根洗净；金针菇、蟹味菇分别去根洗净。

❷锅中放入适量冷水煮沸，放入金针菇和蟹味菇汆烫3分钟，捞出，过凉；再把黄豆芽放入锅中汆烫，捞出，过凉；最后将豆苗放入锅中，随即捞出，备用。

❸碗中放入适量盐、白糖、生抽、醋、香油，搅拌均匀成味汁。

❹将所有材料放入碗中，然后淋入调好的味汁，搅拌均匀即可。

菠菜姜汁塔

材料 菠菜400克，姜150克。

调料 生抽、醋、盐、鸡精、香油各适量。

做法 ❶菠菜洗净；姜去皮洗净，切末，备用。

❷锅置火上，加入水，待水沸后放入菠菜，汆烫至断生，捞出沥干水分，放入深筒形容器内，滴入少许香油，拌匀并压实。

❸取一盘子，将容器内的材料扣在盘子上即可形成菠菜塔。

❹姜末放入碗中，倒入适量沸水，浸泡12分钟，然后加入生抽、醋、鸡精和盐调匀，即成姜汁，最后将姜汁淋在菠菜塔上即可。

豆腐干拌金针菇

材料 金针菇200克，豆腐干、新鲜芹菜、蒜片各适量。

调料 盐、醋、生抽、干辣椒、花椒、白糖各适量。

做法 ❶金针菇切掉根部，冲洗干净；豆腐干切宽条；芹菜去叶，洗净，切长段；干辣椒切段，备用。

❷将金针菇放入沸水中氽烫3分钟，放入芹菜段氽烫10秒后一起捞出，沥干。

❸将金针菇、芹菜段、豆腐干条放入碗中，加入盐、白糖、醋和生抽拌匀。

❹油锅加热后改小火放入切好的干辣椒段、花椒煸出香味，然后放入蒜片炒香变金黄色后，马上把油倒入拌好的材料上，拌匀凉凉即可。

清脆萝卜条

材料 白萝卜、青萝卜、心里美萝卜各200克。

调料 花椒、干辣椒、盐、白糖、醋各适量。

做法 ❶各种萝卜分别洗净，刮去薄薄一层外皮，两头各切掉一点，切成条，加入薄薄一层盐，拌匀腌制1个半小时，中间搅拌1～2次，腌出来的水倒掉。

❷油锅加热后放入花椒用小火慢慢炒香，再放干辣椒炒出香味，盛出凉凉。

❸碗中加入脱水后的萝卜条，然后放少许盐、白糖、凉凉的花椒和干辣椒，再加适量醋，拌匀即可。

❹密封放冰箱冷藏24小时以上更好吃，中间要翻动1～2次，以使腌制更均匀。

自制芥菜泡菜

材料 芥菜500克，姜适量。

调料 盐适量。

做法 ❶芥菜放在通风处晾晒半天；姜洗净，去皮，切末。

❷芥菜择去黄叶，用流水洗净，切小粒，放入一半的盐，搓揉均匀后静置15分钟。

❸将芥菜粒挤出水分，然后放入另一半盐和姜末，拌匀后装坛，在坛中要挤压紧。

❹25天以后出坛即可。

爽脆黄瓜条

材料 黄瓜2根。

调料 盐、白糖、生抽、醋、干辣椒、花椒各适量。

做法 ❶黄瓜洗净，切条；花椒洗净，晾干。

❷将黄瓜条放入容器中，撒入盐，腌制30分钟，至黄瓜出水，捞出，沥干水分，放入盘中，调入白糖、生抽、醋，拌匀。

❸油锅烧热，放入干辣椒、花椒炸香，然后倒在拌好的黄瓜条上，拌匀凉凉即可。

泡椒木耳

材料 水发黑木耳150克，袋装野山椒水1袋，野山椒段、小米辣碎、朝天椒碎、蒜末各适量。

调料 鸡精、醋、白糖、盐各适量。

做法 ❶水发黑木耳用清水洗净，沥干。

❷沥干的黑木耳冷水入锅，水开后煮4分钟至熟，捞出，沥干，凉凉装入大碗中。

❸野山椒水倒入大碗中，没过黑木耳，放入野山椒段、朝天椒碎和小米辣碎，然后调入调料和蒜末拌匀，浸泡1小时即可食用。

浇汁海带

材料 海带350克，蒜、泡椒各适量。

调料 醋、生抽、辣椒油、白糖各适量。

做法 ❶海带洗净，放入锅中煮熟，捞出，沥干，凉凉，切块；蒜去皮，切小块；部分泡椒切碎，备用。

❷蒜小块、泡椒碎、泡椒、醋、生抽、辣椒油、白糖放入碗中，搅拌均匀成汁。

❸将调好的汁拌入海带块中，搅拌均匀，静置15分钟即可。

油泼海带丝

材料 海带丝150克，熟白芝麻、青椒块、姜末、蒜末各适量。

调料 干辣椒段、花椒、盐、醋、鸡精各适量。

做法 ❶将海带丝放入碗中加入盐搅拌均匀，撒上青椒块、熟白芝麻。

❷油锅烧热，爆香花椒，加入姜末、蒜末炒香，接着关火加入干辣椒段，趁热将油倒入海带丝中，最后淋入醋，撒上鸡精拌匀，凉凉即可。

凉拌香椿蒜薹

材料 蒜薹150克，香椿100克。

调料 味精、盐、香油各适量。

做法 ❶蒜薹择洗干净，入沸水中氽烫至变色，马上捞出，过凉，沥干，切丁；香椿洗净，入沸水中氽烫至变色，捞出过凉，沥干，切碎，备用。

❷蒜薹丁和香椿碎放入碗中混合均匀，加入盐和味精拌匀，再加几滴香油调味，拌匀后静置10分钟即可食用。

凉拌白菜心

材料 嫩白菜心2个，红辣椒、花生仁、香菜各适量，葱末、蒜末、姜末各少许。

调料 盐、味精、味极鲜生抽、醋、香油、白糖各适量。

做法 ❶嫩白菜心洗净，沥干，切丝。

❷红辣椒、香菜分别洗净，切碎，放在白菜丝上，加上花生仁、葱末、姜末、蒜末、盐、味精、味极鲜生抽、醋、香油、白糖。

❸油锅烧热，将热油浇在白菜丝上，拌匀凉凉即可。

凉拌蒸茄

材料 长茄子3根，香菜适量。

调料 香油、生抽、盐、白糖各适量。

做法 ❶长茄子洗净，去蒂，放入锅中隔水蒸10分钟左右，取出放凉，撕成长条，放入盘子里摆好。

❷取适量香油、生抽、盐、白糖混合成味汁，淋在茄子条上拌匀，撒上香菜即可。

彩椒拌藕

材料 莲藕250克，青椒、黄椒、红椒各1个。

调料 香油、盐、白糖各适量。

做法 ❶莲藕去皮洗净，竖着先切片，再切丝，泡在水里；3种彩椒洗净，切丝。

❷锅置火上，加适量水烧沸，倒入莲藕丝和彩椒丝，迅速汆烫一下，盛出，过凉；用冰水浸泡一下，捞出，沥干；加香油、盐、白糖拌匀即可。

西蓝花拌腐竹

材料 西蓝花150克，腐竹120克。

调料 盐、味精、白糖各少许，醋、香油各适量。

做法 ❶将西蓝花洗净后切成小块；腐竹用温水泡软，切成段。

❷将西蓝花小块、腐竹段分别入沸水汆烫一下，捞出，过凉，沥干。

❸将西蓝花小块、腐竹段加盐、味精、白糖、醋、香油搅拌均匀，装盘即可。

蒜香拌笋

材料 莴笋1节，蒜末适量，红辣椒2个。

调料 盐、白糖各少许，白醋、味精、香油各适量。

做法 ❶莴笋洗净，去皮，切成小条，加盐腌制5分钟，过凉水，捞出沥干；红辣椒洗净，切圈，备用。

❷将莴笋小条、蒜末、红辣椒圈和所有调料混合，拌匀即可。

豇豆木耳

材料 豇豆200克，水发黑木耳100克，蒜末适量。

调料 白糖、醋、盐、香油各适量。

做法 ❶豇豆洗净，切成寸段；水发黑木耳去蒂，洗净。

❷锅置火上，放入适量清水，放少许盐，烧沸后放入水发黑木耳和豇豆段汆烫5分钟左右，待豇豆熟透后捞出，沥干水分。

❸将水发黑木耳、豇豆段放入碗中，调入盐、白糖、醋、蒜末、香油，拌匀即可。

黄豆芽拌粉条

材料 粉条150克，黄豆芽100克，胡萝卜丝50克，葱末、蒜末、香菜末各适量。

调料 盐、生抽、香油、花椒油各适量。

做法 ❶黄豆芽去根须，洗净，放锅里煮至断生，捞出过凉后沥干水分。

❷粉条放沸水锅里煮软，捞出，切成段。

❸将黄豆芽、粉条段、胡萝卜丝放入盘中，放入葱末、蒜末、香菜末，加盐、生抽、香油、花椒油拌匀即可。

辣拌圆白菜

材料 圆白菜1/2个，胡萝卜1根，蒜苗适量。

调料 盐、白糖各少许，醋、香油、辣椒油各适量。

做法 ❶圆白菜切成丝，洗净；胡萝卜洗净切成丝，与圆白菜丝一同放入沸水锅中汆烫，捞出，沥干，备用。

❷将蒜苗洗净，切成段，与圆白菜丝、胡萝卜丝一起放在大碗里，然后放入所有调料，拌匀即可。

火龙果菠萝沙拉

材料 火龙果、菠萝各1个，蛋白1份。

调料 沙拉酱50克。

做法 ❶火龙果洗净去皮，切丁；菠萝洗净去皮，将一半菠萝切丁；蛋白切丁，备用。

❷将另一半菠萝切末后与沙拉酱拌匀制成菠萝沙拉酱。

❸将菠萝沙拉酱与菠萝丁、火龙果丁、蛋白丁拌匀即可食用。

冰镇洋葱沙拉

材料 紫、白洋葱各150克，熟白芝麻、薄荷叶各少许。

调料 素高汤100克，香菇生抽少许，味淋、水果醋各20克。

做法 ❶将紫、白洋葱分别洗净，去老皮，切丝，放冰水中浸泡10分钟，沥干，备用。

❷取一碗，依次放入素高汤、香菇生抽、味淋和水果醋，搅拌均匀后淋在洋葱丝上，最后撒上熟白芝麻装盘，点缀上薄荷叶即可。

凉拌藕片

材料 莲藕1节，蒜末、熟白芝麻、葱末各适量。

调料 醋、盐、辣椒粉、白糖、鸡精、香油各适量。

做法 ❶莲藕表面刷洗干净，冷水入锅，盖上盖，煮25分钟，至熟，捞出放凉，切厚片。

❷油锅烧热，热油冒烟后浇在辣椒粉上，撒上熟白芝麻拌匀，形成辣椒油。

❸藕片放入盘中，撒上蒜末，加辣椒油和剩余调料拌匀，撒上葱末即可。

皮蛋豆腐

材料 嫩豆腐1盒，皮蛋丁20克，榨菜丁10克，香菜末、香菜叶各适量。

调料 盐、白糖、生抽、辣椒油、醋、香油各适量，剁椒少许。

做法 ❶嫩豆腐切块。

❷取小碗，放入调料（除香油）、香菜末、榨菜丁及剁椒拌匀成味汁。

❸将皮蛋丁铺在豆腐块上，淋上味汁，淋上香油、点缀上香菜叶即可。

凉拌鱼腥草

材料 鱼腥草200克，姜末、蒜末各适量。

调料 盐、白糖、生抽、香油、花椒油、素蚝油、生抽、干辣椒段各适量。

做法 ❶将鱼腥草择洗干净，放入加有少许盐的凉白开中浸泡10分钟，捞出，备用。

❷锅内倒入2勺花椒油加热，下干辣椒段炸香，倒入装有姜末、蒜末的碗中，再加剩余调料拌匀成味汁。

❸将味汁淋在鱼腥草上，拌匀即可食用。

凉拌秋葵

材料 秋葵250克，蒜末10克，朝天椒2个。

调料 盐、辣椒粉各少许，生抽、素蚝油、白糖各适量。

做法 ❶秋葵洗净，去蒂，用刀切成薄片，放入加有少许盐、油的沸水锅中汆烫2分钟，捞出，沥干；朝天椒洗净，剁碎。

❷碗中放辣椒粉、生抽、素蚝油、白糖、蒜末、朝天椒碎调成味汁，再倒入热油提香，最后倒入秋葵片中，拌匀即可。

鲜蔬凉拌

材料 莴笋1根，小西红柿4个，大杏仁适量。

调料 盐、生抽各少许，醋、鸡精、花椒油各适量。

做法 ❶莴笋清洗干净，去叶，削皮，切成条，加少许盐腌制15分钟。

❷将小西红柿清洗干净，一切为二；大杏仁洗净备用。

❸把腌制莴笋出的水分倒掉，加入余下的材料和调料，拌匀即可。

海带拌黄瓜

材料 海带100克，黄瓜1根，蒜末适量。

调料 盐、醋、香油各适量。

做法 ❶将海带洗净，加盐腌制10分钟，洗净，入沸水中汆烫15分钟，沥干水分，切成小块，备用。

❷将黄瓜（建议去皮）洗净，切薄片。

❸将黄瓜片和海带小块混合，加入适量盐、醋、香油、蒜末搅拌均匀，装盘即可。

鲜核桃仁拌韭菜

材料 新鲜核桃10个，韭菜50克。

调料 香油、盐各适量。

做法 ❶将新鲜核桃敲碎，剥出核桃仁，洗净，倒入沸水中浸泡几分钟，捞出核桃仁冲洗几遍，去除外衣。

❷韭菜充分洗净，入沸水中汆烫，捞出，沥干水分，切成寸段，与核桃仁混合，加入适量的盐和香油，充分拌匀即可。

豆腐干拌花生

材料 芹菜1根，豆腐干2块，花生仁10克。

调料 香油、盐、醋、白糖各适量。

做法 ❶芹菜茎叶分离，洗净；豆腐干、花生仁分别洗净。

❷花生仁放入微波炉中以中火加热几分钟至熟；芹菜茎、豆腐干入沸水中汆烫。

❸将烫好的芹菜茎挤去水分，和豆腐干一同切小丁，将其与花生仁、芹菜叶混合，加香油、盐、醋、白糖拌匀即可。

椒丝拌豆腐干

材料 豆腐干150克，青椒、红椒各80克，香菜段适量。

调料 白糖、香油、盐各适量。

做法 ❶将豆腐干切成丝，入沸水中汆烫，捞出沥干，备用。

❷将青、红椒洗净，切丝，入沸水中汆烫，捞出，备用。

❸将豆腐干丝、香菜段和青、红椒丝混合，加入所有调料拌匀即可。

蒜泥木耳

材料 水发黑木耳200克，胡萝卜1/2根，蒜泥适量。

调料 苹果醋、生抽、橄榄油各适量。

做法 ❶水发黑木耳洗净；胡萝卜洗净，切丝，与水发黑木耳先后入沸水中汆烫。

❷把水发黑木耳和胡萝卜丝捞出，过凉，沥干水分，装盘。

❸放入苹果醋和生抽，撒上蒜泥，淋入烧热的橄榄油拌匀即可。

豆酥圆白菜

材料 圆白菜400克，豆酥150克，蒜末、葱末各适量。

调料 盐、白糖各适量。

做法 ❶将圆白菜切片，放入滚水中汆烫约3分钟后捞起，置于盘中备用。

❷油锅烧热，放入蒜末、豆酥、葱末，拌炒数下，至出香后，加入适量的水与所有调料拌匀，淋在做法❶的圆白菜上即可。

爽口豆芽

材料 绿豆芽300克，茼蒿150克，葱末、蒜泥各适量。

调料 盐、白糖、鸡精、香油、花椒油、生抽、醋各适量。

做法 ❶茼蒿、绿豆芽分别洗净，入沸水中汆烫至熟，捞出，沥干水分，备用。

❷将葱末、蒜泥和所有调料调成味汁，备用。

❸将已经汆烫好的茼蒿、绿豆芽与味汁一起拌匀即可。

香椿豆腐

材料 板豆腐300克，香椿芽200克。

调料 盐、鸡精、白糖、橄榄油各适量。

做法 ❶香椿芽洗净，去除老梗，用厨房用纸吸干水分，备用。

❷板豆腐洗净，切小块，放入热盐水中静置8分钟，捞出，沥干水分，摆入盘中。

❸将做法❶中的香椿芽剁碎，调入橄榄油和剩下的调料拌成味汁，再淋在做法❷中的板豆腐块上即成。

三色凉拌木耳

材料 水发黑木耳200克，小黄瓜100克，胡萝卜、蒜末、红椒片各适量。

调料 盐、白糖、醋、辣椒油各适量。

做法 ❶水发黑木耳洗净，沥干水分，去蒂、头，切小块，放入碗中；小黄瓜洗净，切菱形片，备用；胡萝卜洗净，切菱形片，备用。

❷做法❶的碗中加入胡萝卜片、小黄瓜片、红椒片、蒜末，再加入所有调料拌匀即成。

蒜香海带丝

材料 海带300克，蒜末150克，红椒丝少许，姜丝适量。

调料 生抽、盐、香油、白糖、醋、鸡精各适量。

做法 ❶海带洗净，切细丝，入沸水中汆烫至熟，捞出，过凉后沥干水分，备用。

❷碗内放入蒜末、姜丝、红椒丝，调入鸡精、香油、白糖、生抽、盐、醋拌匀，浇在海带盘内，拌匀即成。

菠菜拌花生

材料 菠菜300克，花生仁80克，姜末、蒜末各适量。

调料 盐、醋各适量，鸡精、香油各少许。

做法 ❶菠菜择洗干净，汆烫，捞出，沥干水分，切段。

❷油锅烧热，备用。

❸将花生仁放进油锅中，炸熟。

❹将菠菜段、熟花生仁、姜末、蒜末、盐、醋、鸡精、香油拌匀即可。

凉拌三丝

材料 土豆200克，鸡蛋1个，胡萝卜100克、香菜叶适量。

调料 醋、辣椒油、白糖、盐各适量。

做法 ❶土豆与胡萝卜分别洗净，去皮、切成细丝，入沸水中汆烫至变色，捞起，冲凉。

❷鸡蛋打散成蛋液，入油锅中煎成蛋皮，起锅后切丝备用。

❸将土豆丝、胡萝卜丝、蛋皮丝、全部的调料拌匀，装盘，点缀上香菜叶即可。

甜心藕片

材料 莲藕300克，香菜叶适量。

调料 白糖、盐各适量。

做法 ❶莲藕洗净去皮，切薄片；入冷水中浸泡，备用。

❷将做法❶中的藕薄片捞出，入沸水中汆烫至熟，捞出，过冷水，沥干水分，备用。

❸将做法❷中的藕薄片和所有调料一起搅拌均匀，装盘，点缀上香菜叶即成。

清新油麦菜

材料 油麦菜300克，蒜20克。

调料 芝麻酱、盐、香油各适量。

做法 ❶蒜剁成泥，备用。

❷将油麦菜洗净，在淡盐水中浸泡20分钟，捞出，控水，切段。

❸将切好的油麦菜段摆入盘中，调入蒜泥、芝麻酱、盐、香油拌匀即成。

芝麻菠菜

材料 菠菜250克，熟白芝麻1大匙。

调料 盐1/2大匙，白糖1小匙，香油3大匙。

做法 ❶菠菜洗净，将梗叶交错，放入耐热容器中，覆膜（留孔），入微波炉，以高火微波加热约3分钟，放入冰水中泡凉，捞出沥干。

❷将泡凉、沥干的菠菜切成5厘米的段，放在盘中摆好，再将盐、白糖、香油混合在一起调成味汁，淋在菠菜段上，最后撒上熟白芝麻即可。

芹菜拌胡萝卜丝

材料 芹菜250克，胡萝卜1/2根，蒜末适量。

调料 醋、生抽、盐、鸡精、香油、芥末油各适量。

做法 ❶胡萝卜洗净，去皮，切丝；芹菜择洗干净，切段。

❷将胡萝卜丝和芹菜段放入加有盐的沸水中汆烫，捞出沥干。

❸蒜末加醋、生抽、鸡精、香油和芥末油调匀做成味汁。

❹将芹菜段、胡萝卜丝加味汁拌匀后腌制半小时，入味即成。

五色拌菜心

材料 白菜心250克，胡萝卜、紫甘蓝、黄瓜各30克，荷兰豆、香菜、红椒各少许。

调料 盐、鸡精各适量，辣椒油、香油各少许。

做法 ❶将胡萝卜、黄瓜、白菜心、红椒分别洗净切丝；香菜洗净切段；荷兰豆摘去老筋，洗净；紫甘蓝洗净掰开叶子，切丝，备用。

❷将白菜丝、胡萝卜丝、红椒丝分别放入沸水中汆烫，捞出过凉水，沥干备用；然后将荷兰豆、紫甘蓝也分别放入沸水中汆烫，捞出过凉水，沥干。

❸置一小盆，放入所有的材料，调入调料搅拌均匀后即可食用。

柠檬瓜条

材料 冬瓜250克。

调料 柠檬汁100克，白糖20克。

做法 ❶将冬瓜去皮、瓤冲净，切成长6厘米、宽1厘米的一字条状。

❷将冬瓜条放入沸水中氽烫至熟后，捞入柠檬汁中，再加入白糖调味，浸泡半小时后捞出，装入盘中，也可放入冰箱中冷藏半小时再食用。

Tips素食小秘籍 冬瓜中所含的丙醇二酸能有效地抑制糖类转化为脂肪，加之冬瓜本身不含脂肪，热量不高，对于预防人体虚胖具有重要意义，有助于体形健美。

檬汁脆藕

材料 莲藕250克。

调料 白糖、冰糖各20克，柠檬汁、橙汁各30克，果珍20克。

做法 ❶将莲藕去皮，切成薄片，放入清水中漂洗，入沸水中氽烫。

❷盆中放入冰糖，加入少量沸水，制成糖水，待冷却后，再加入果珍、柠檬汁、橙汁、白糖兑成柠檬色的味汁。

❸将藕片放入兑好的味汁中浸泡4小时，取出装盘即可。

Tips素食小秘籍 莲藕的膳食纤维很容易使人产生饱腹感。同时，莲藕的脂肪含量少，不容易使人肥胖，是非常好的减肥食物。

糖醋胡萝卜

材料 胡萝卜400克，薄荷叶少许，熟芝麻适量。

调料 盐、醋、白糖、香油各适量。

做法 ❶胡萝卜洗净，去皮，切丝，加入适量盐腌制10分钟。

❷然后将腌制好的胡萝卜丝用清水冲洗干净，沥干水分，装入盘中。

❸将醋、香油、白糖倒入装有胡萝卜丝的盘中搅拌均匀，撒上熟芝麻，放薄荷叶点缀即成。

Tips素食小秘籍

◎食用胡萝卜可以增加口腔中唾液的分泌量，起到生津止渴的作用。

◎胡萝卜含有丰富的膳食纤维，吸水性强，可促进肠道的蠕动，从而通便防癌。

冰糖桂花糯米藕

材料 莲藕350克，糯米50克，干桂花、香菜叶各少许。

调料 冰糖100克。

做法 ❶先将糯米洗净，沥干备用；在接近藕节的地方切下一小块留作盖子，备用。

❷将藕孔冲洗干净，将糯米塞入藕孔中（可边塞边敲打藕，使糯米塞实），再将之前切下的盖子放回原处，用牙签固定。

❸锅置火上，将装入糯米的莲藕放入锅中，加水没过莲藕，开大火煮沸后改小火煮25分钟后再加入冰糖、干桂花煮2小时。将煮好的莲藕捞出沥干，凉凉，切片装盘，用香菜叶点缀即可。

莴笋两吃

材料 莴笋450克，豆腐皮250克，红椒丝、香菜叶各适量。

调料 白糖、盐各1小匙，醋、鸡精、蒜蓉辣酱各适量。

做法 ❶将莴笋去皮后洗净，切成细丝，入沸水中氽烫断生后捞出，过冷水沥干备用。

❷豆腐皮入沸水中略氽烫，捞出沥干。

❸将豆腐皮平铺在案板上，再将一部分莴笋丝放在上面，然后将豆腐皮卷起来后切成小段，放于盘中，点缀上香菜叶，用于蘸蒜蓉辣酱吃。

❹将剩余的莴笋丝放在碗中，调入白糖、盐、鸡精、醋和红椒丝搅拌均匀，腌制入味后即可同豆腐卷一起食用。

香菇丝拌黄瓜

材料 黄瓜350克，干香菇200克，熟白芝麻、葱各少许，蒜、香菜叶各适量。

调料 盐、白糖各1小匙，鸡精少许，醋、生抽各适量。

做法 ❶将黄瓜洗净切丝，置于盘中备用；香菇泡软后，去蒂，洗净，切丝，入沸水氽烫至熟；葱、蒜分别切末，备用。

❷锅置火上，倒入少许炒菜油，待油烧热后淋在蒜末上，做成油泼蒜蓉。

❸在做好的油泼蒜蓉中加入葱末、盐、鸡精、白糖、醋、生抽，搅拌均匀调成味汁，备用。

❹将调好的味汁淋在黄瓜丝上，拌入香菇丝，撒上香菜叶、熟白芝麻即可。

紫甘蓝拌苦菊

材料 苦菊350克，紫甘蓝100克，熟芝麻适量。

调料 花椒、香油、鸡精各少许，盐、白糖各1小匙，醋、生抽、干辣椒段各适量。

做法 ❶将苦菊洗净后横竖切开；将紫甘蓝洗净切丝，将切好的苦菊和紫甘蓝摆盘备用。

❷锅置火上，倒入适量的炒菜油，放入干辣椒段、花椒煸出香味后将热油淋在摆好的盘中。

❸再调入适量的生抽、醋、香油、盐、鸡精、白糖、熟芝麻，搅拌均匀即可。

芝香拌菜

材料 苦菊200克，黄瓜、青椒、红椒各100克，香菜适量。

调料 盐、白糖、香油、生抽、醋各适量。

做法 ❶将所有蔬菜分别洗净，把苦菊和香菜切段装盘备用；黄瓜、青椒、红椒切丝，加入少许盐腌制15分钟，备用。

❷将腌好的菜洗净，放入盘中，之后依次调入白糖、生抽、醋和香油，拌匀即可。

蒜香空心菜

材料 空心菜300克，蒜适量。

调料 白糖、盐、生抽、醋、香油各适量。

做法 ❶空心菜去根洗净；蒜切碎。

❷洗净的空心菜入沸水中汆烫至断生，捞出，过凉，沥干水分，切成段。

❸将碗内加入生抽、醋、盐、白糖和香油调成味汁。

❹将切好的空心菜段摆入盘中，放入蒜碎，然后淋上调好的味汁，拌匀即可。

如意菜

材料 绿豆芽350克，蒜2瓣，蒜苗适量。

调料 盐1小匙，花椒、香油各少许，干辣椒段、鸡精、生抽、醋各适量。

做法 ❶将绿豆芽洗净，放入沸水中汆烫至断生，捞出沥干；蒜苗洗净，切碎。

❷用花椒炸制花椒油，将花椒油趁热淋在绿豆芽上。

❸蒜切末，置一碗中，依次调入蒜苗碎、干辣椒段、盐、鸡精、香油、醋、生抽勾兑成味汁，淋在绿豆芽上，搅拌均匀即可。

糖醋樱桃萝卜

材料 樱桃萝卜500克。

调料 白糖、醋、盐各适量。

做法 ❶樱桃萝卜去叶，清洗干净后对切，放入碗中，撒上盐，抓匀腌制，备用。

❷腌制约25分钟后，挤出萝卜内的水，略冲洗，然后加入白糖、醋，搅拌均匀，最后用保鲜膜将碗覆盖住，入冰箱冷藏2小时，取出即可食用。

盐水拌毛豆仁

材料 毛豆仁500克。

调料 大料、干辣椒、盐、花椒、料酒、桂皮各适量。

做法 ❶毛豆仁洗干净，入盐水中搓洗后，捞出，沥干，备用。

❷锅置火上，加入适量清水，放入调料略煮，然后放入毛豆仁煮6分钟，煮至毛豆仁熟，关火闷约10分钟，盛出毛豆仁、大料拌匀，入冰箱中冷藏即可。

凉拌胡萝卜丝

材料 胡萝卜350克，蒜苗、蒜各适量。

调料 盐、鸡精、醋、生抽各适量。

做法 ❶胡萝卜洗净，去皮，切丝；蒜苗洗净，切碎；蒜去皮，切末，备用。

❷胡萝卜丝、蒜苗碎、蒜末放入碗中，加入鸡精、盐，淋入生抽、醋，备用。

❸锅置火上，加入适量炒菜油烧热，然后将热油均匀地淋入碗中，搅拌均匀即可。

胡萝卜丝拌白菜

材料 白菜、胡萝卜各100克，葱适量。

调料 盐、醋各少许，五香粉、辣椒酱、生抽各适量。

做法 ❶白菜洗净，切丝。

❷胡萝卜洗净，去皮，切丝。

❸葱切丝。

❹白菜丝、胡萝卜丝、葱丝放入碗中，加盐、醋、生抽、五香粉、辣椒酱，搅拌均匀即可。

青椒丝拌土豆

材料 青椒、土豆各200克。

调料 盐、辣椒油各适量。

做法 ❶土豆洗净，去皮，切丝；青椒洗净，去籽，切丝，备用。

❷锅置火上，倒入适量水烧开，将土豆丝汆烫至断生，捞出放凉。

❸将所有材料、调料拌匀即可。

紫菜芹菜卷

材料 芹菜200克，紫菜10克，熟白芝麻、薄荷叶各适量。

调料 生抽、香菇精、素高汤各适量。

做法 ❶将芹菜择洗干净，放入沸水中汆烫至断生后捞出，沥干，切丁，备用。

❷将紫菜泡软后，平铺在案板上，放入芹菜丁卷起来，切成小段，摆盘，撒上熟白芝麻。

❸将调料调成味汁后淋在紫菜卷上。

❹点缀上薄荷叶即可。

香拌凉皮

材料 凉皮100克，蒜、葱各5克。

调料 盐3克，醋、白糖各2克，生抽、香油各1克。

做法 ❶将凉皮切成宽条。

❷蒜洗净，捣成泥；葱洗净，切末。

❸用盐、醋、白糖、生抽、香油、蒜泥、葱末兑成味汁，与凉皮宽条拌匀即可。

吉祥三宝

材料 豆腐干、熟花生仁、白萝卜各50克。

调料 盐2克，辣椒油3克，香油1克，白糖、鸡精、花椒油各1.5克。

做法 ❶将豆腐干、白萝卜分别用清水洗净后切成丁，然后与熟花生仁一起装盘。

❷用盐、鸡精、白糖、辣椒油、花椒油、香油兑成味汁，淋入盘中拌匀即可。

拌花生仁

材料 花生仁150克，杭椒、小米辣各10克。

调料 花椒油、鸡精各适量，盐少许，味极鲜生抽2克。

做法 ①将花生仁洗净，煮熟，捞出，沥干水分；杭椒、小米辣洗净后分别切成圈，备用。

②将花生仁、杭椒圈、小米辣圈放入盘中，调入盐、味极鲜生抽、鸡精、花椒油搅拌均匀，装盘即可。

清爽茼蒿

材料 茼蒿500克，葱末、蒜末各适量。

调料 盐、白糖、米醋、香油、花椒油、鸡精各适量。

做法 ①茼蒿择洗干净，用沸水汆烫后过冷水，捞出，沥干水分，备用。

②将所有的调料、葱末、蒜末搅拌均匀，调成味汁。

③将味汁浇在茼蒿上，拌匀即可。

红油藕片

材料 莲藕350克，葱适量，蒜少许。

调料 辣椒油2大匙，醋、生抽、白糖各适量，香油、花椒油、味精各少许。

做法 ①将新鲜莲藕洗净，去皮，切片后放入凉水中浸泡；葱切末备用；蒜切末备用。

②锅置火上，锅内加入适量的水煮沸后，放入藕片汆烫至断生后捞出沥干，装盘备用。

③将切好的蒜末、葱末和所有调料混合调成味汁，淋在藕片上，搅拌均匀即可。

黑木耳拌笋丝

(材料) 水发黑木耳、莴笋、香菜段各100克。

(调料) 盐1克，鸡精、生抽各2克，味极鲜生抽5克，香油3克。

(做法) ❶水发黑木耳去蒂洗净，撕成片；莴笋去皮，洗净后切成丝。

❷将黑木耳片、莴笋丝入沸水中氽烫，捞出。

❸将盐、鸡精、生抽、味极鲜生抽、香油调匀，与黑木耳片、莴笋丝、香菜段拌匀即可。

脆笋老虎菜

(材料) 莴笋100克，洋葱120克，青椒50克，红椒30克。

(调料) 盐2克，鸡精1克，香油3克，芥末5克。

(做法) ❶将莴笋、洋葱、青椒、红椒均洗净切成粗丝。

❷将莴笋丝、洋葱丝、青椒丝、红椒丝混合，调入盐、鸡精、香油、芥末搅拌均匀，稍作装饰即可。

素拌金针菇

(材料) 金针菇200克，香菇、青椒、红椒各10克，冬笋50克，葱段、姜丝各5克。

(调料) 花椒、盐、鸡精、香油、料酒各适量。

(做法) ❶将金针菇、青椒、红椒分别去蒂洗净，切丝；水发香菇、冬笋均洗净切成丝，与金针菇一起氽烫熟，所有材料均装盘。

❷油锅烧热，炸花椒后拣去花椒，放入葱段、姜丝炒香，烹入料酒、盐、鸡精、香油炒匀成味汁，起锅倒入盘中拌匀即成。

泡长生果

材料 花生仁150克，杭椒、小米辣各10克，野山椒5克。

调料 盐2克，鸡精、白醋各1克。

做法 ❶将花生仁入沸水中氽烫熟，捞出，去皮；杭椒、小米辣、野山椒均洗净，切成圈。

❷白沸水中加盐、白醋、鸡精、野山椒圈、杭椒圈、小米辣圈拌匀，与花生仁拌匀，放进冰箱冷藏24小时后取出即可。

香油拌三丝

材料 冬笋、韭菜各50克，干黑木耳20克，红椒丝10克。

调料 盐、鸡精各少许，白糖、香油各15克。

做法 ❶韭菜洗净，氽烫，沥干，切段；将冬笋去粗皮，洗净切丝，氽烫；干黑木耳泡发，洗净切丝，氽烫。

❷将所有材料放入盆内，调入盐、鸡精、白糖、香油拌匀即成。

三丝腐皮卷

材料 油豆腐皮300克，莴笋、胡萝卜各100克，红椒50克。

调料 盐、鸡精、辣椒油各2克，生抽5克。

做法 ❶将油豆腐皮泡发好；莴笋、胡萝卜、红椒洗净，均切细丝，氽烫后捞出，加入盐、生抽、辣椒油、鸡精拌匀备用。

❷油豆腐皮摊平，放上调好味的三丝，裹成卷即成。

干椒熏干

材料 豆腐干200克，茶叶、花生壳、松枝、柏叶各100克，西蓝花少许。

调料 卤汁500克，干辣椒、花椒粉各10克，盐2克，白糖3克，鸡精1克。

做法 ❶豆腐干与干辣椒入卤汁中入味。

❷将茶叶、花生壳、松枝、柏叶放入熏炉中点燃，再放入豆腐干熏烤，待色呈深棕时即可。

❸豆腐干取出切片装盘，将西蓝花放于盘子两边装饰即可。

三丝豆腐

材料 豆腐1块，鸡蛋液200克，子姜丝50克，蒜泥、葱花各5克。

调料 盐、白糖、鸡精、生抽、花椒粉、红油辣椒、醋各适量。

做法 ❶将豆腐切成大片，入油锅中炸成金黄色时捞出，凉凉切成丝；鸡蛋液搅散，倒进锅中摊成蛋皮，起锅改刀切成丝。

❷蛋皮丝、豆腐丝、子姜丝装入碗中，调入所有调料，拌匀即成。

香卤腐竹

材料 腐竹300克，蒜薹段、红椒丝各少许。

调料 大料、山柰、砂仁各少许，白蔻、草果、桂皮、香茅、香油各适量，素高汤2000毫升，盐20克。

做法 ❶将腐竹用清水浸泡，洗净。

❷将所有调料放入素高汤中，调好味，待煲出香味后，加进腐竹卤熟。

❸腐竹改刀装盘，浇上热卤水，淋上香油，撒上蒜薹段、红椒丝即成。

凉拌山药

材料 山药150克，葱、薄荷各适量。

调料 醋、生抽各适量，香油少许。

做法 ❶将山药去皮，洗净，切薄片；葱洗净后，切成葱末，备用。

❷将山药片放入沸水中汆烫一下后捞出，放入凉水中去除黏液。

❸将山药片放入盘中，将所有调料和葱末放入，搅拌均匀，点缀上薄荷即成。

奇味苦瓜

材料 苦瓜200克，熟米饭50克，枸杞5克。

调料 盐、香油各2克，鸡精1克，白糖3克，红酒10克，米酒5克。

做法 ❶将苦瓜洗净，去籽及瓤，切片，放盐腌制5分钟，入冰箱冷藏10分钟后取出，挤干水分，与熟米饭一同装盘。

❷用米酒、枸杞、红酒、盐、白糖、鸡精、香油兑成味汁，淋于苦瓜片米饭上即成。

鲍汁浇萝卜

材料 胡萝卜200克，西蓝花适量。

调料 素鲍鱼汁100克，鸡汁10克，鸡精少许，素高汤100毫升，水淀粉适量。

做法 ❶将胡萝卜洗净去皮，切成象牙形状，上笼蒸熟。

❷将西蓝花洗净，切成小朵，入沸水中汆烫。

❸锅中放入素高汤烧沸，调入素鲍鱼汁、鸡汁、鸡精，用水淀粉勾芡，起锅淋于胡萝卜盘中，点缀西蓝花即成。

酸辣蕨根粉

材料 蕨根粉200克，小米辣30克，葱20克。

调料 鸡精、盐各3克，生抽5克，素高汤100毫升，醋、辣椒油各适量。

做法 ❶蕨根粉放入水中浸泡至软后捞出，再入沸水中氽烫至断生后捞出，过凉后沥干水分；小米辣洗净，切圈；葱切末。

❷碗中加入盐、生抽、醋、鸡精、辣椒油和素高汤调匀，再放入蕨根粉拌匀，最后撒上小米辣圈和葱末即可。

豆腐皮卷腐竹

材料 豆腐皮200克，莴笋、胡萝卜各100克，腐竹80克，红椒50克，熟白芝麻15克。

调料 盐、生抽、辣椒油、鸡精各适量。

做法 ❶腐竹用温水泡发好切丝；莴笋、胡萝卜均去皮洗净，切丝；红椒洗净，切丝；四者加所有调料拌匀，腌制至入味。

❷豆腐皮入沸水中氽烫熟，捞出后凉凉。

❸将豆腐皮摊平，放入4种丝卷一下，撒熟白芝麻，切成长段即可。

蜜汁果脯莲藕

材料 莲藕200克，糯米150克，果脯100克，小西红柿1个，青椒丝适量。

调料 盐2克，白糖、水淀粉各20克。

做法 ❶将莲藕、小西红柿洗净；糯米用温水泡涨，加入果脯、盐、部分白糖搅拌均匀成馅料。

❷将和好的糯米馅料灌入莲藕孔内，上蒸笼蒸熟，切成片，摆入盘中，把小西红柿切开，同青椒丝放于盘中装饰即可。

❸将水淀粉与剩下的白糖搅拌均匀浇在盘中。

糖醋韭黄

材料 韭黄450克。

调料 白糖、醋各2大匙，米酒1小匙，盐1/2小匙。

做法 ❶韭黄洗净，择去老叶后切长段。

❷将韭黄段放入沸水中略氽烫，捞出，放入凉开水中过凉，再捞出，沥干水分，盛入盘中，备用。

❸锅中倒入少许水烧开，再放入所有调料略煮至汁浓，盛出后淋在韭黄段上拌匀即可。

凉拌什锦粉丝

材料 绿豆粉丝50克，芹菜段50克，胡萝卜丝、黄豆芽各30克，蒜末5克。

调料 醋、生抽各1大匙，白糖、香油各1小匙，盐1/8小匙。

做法 ❶绿豆粉丝泡软，氽烫至断生，过凉；所有蔬菜氽烫至断生后捞出，备用。

❷将所有调料放入碗内调匀，做成味汁，与所有材料拌匀即可。

咸鸭蛋拌豆腐

材料 嫩豆腐1盒，咸鸭蛋1个，葱末适量。

调料 辣椒油、花椒油各适量。

做法 ❶豆腐盒用刀切开，将嫩豆腐倒在碗里，备用。

❷咸鸭蛋去壳，放入小碗中，用勺子慢慢捣碎，放置备用。

❸将咸鸭蛋倒在嫩豆腐上，加入适量的辣椒油、花椒油，撒上葱末即可。

椒麻四季豆

材料 四季豆200克，净葱叶20克。

调料 青花椒30克，盐2克，鸡精1克，白糖3克，葱油5克。

做法 ①将四季豆洗净，摘去老筋，切段，放入沸水中汆烫至熟，捞出后放入凉开水中凉透，捞出沥干，摆盘。

②青花椒去籽，放入净葱叶剁细，加入盐、鸡精、白糖调好味后放入烧滚的葱油调匀，淋于盘中四季豆段上即成。

香菇拌茄泥

材料 紫茄子块250克，香菇丁（泡发）、杭椒丁各50克，葱末、姜末、蒜末各适量。

调料 盐、花椒油、鸡精、生抽、素高汤各适量，料酒、白糖、水淀粉各少许。

做法 ①紫茄子块隔水蒸熟，取出装盘，捣成泥状。

②油锅烧热，爆香葱末、姜末、蒜末，再放入除茄子泥外材料翻炒至熟，调入除水淀粉外调料，搅匀，用水淀粉勾芡，倒在茄泥上即可。

金针菇拌西蓝花

材料 西蓝花300克，金针菇150克，葱末适量。

调料 盐、白糖、料酒、素高汤、生抽、香油各适量。

做法 ①将西蓝花洗净，掰成小朵；金针菇切去根部，洗净，撕散，放入沸水中汆烫至熟，捞出。

②油锅烧热，下入葱末爆香，再放入白糖、盐、素高汤、料酒、生抽、香油、西蓝花小朵，稍煮片刻，捞出，放入容器中。

③将汆烫好的金针菇放上，拌匀即可食用。

开胃京糕萝卜条

材料 白萝卜250克，山楂糕（京糕）200克。

调料 白醋、白糖、桂花蜜各适量。

做法 ❶白萝卜去皮，洗净，切长条；将白萝卜条放入碗中，加入适量白醋、白糖拌匀，腌制约20分钟。

❷山楂糕切成条，入凉水中浸泡3分钟。

❸将山楂糕条捞出沥干，与腌制好的白萝卜条逐条间隔摆放好，在表面淋上桂花蜜即可。

Tips素食小秘籍

◎在切白萝卜条和山楂糕条的时候，要切得粗细差不多，否则影响美观度。

◎在刀上抹点凉沸水，再用来切山楂糕，就会比较顺滑，不易黏刀。

双椒拌皮蛋

材料 皮蛋3个，青椒、红椒各1个，姜末、蒜末、香菜叶各适量。

调料 醋、生抽、香油、辣椒油、盐各少许。

做法 ❶皮蛋去壳，切成月牙瓣，摆盘，备用。

❷青、红椒洗净，去蒂、籽，切丝。

❸锅内放少许油，将青、红椒丝放入，略煸炒后盛出凉凉。

❹将青椒丝、红椒丝、姜末、蒜末放入碗中，加入适量的盐、生抽、醋、香油、辣椒油拌匀，淋在皮蛋上，点缀香菜叶即可。

酸甜胭脂藕

材料 莲藕150克，紫甘蓝100克，花瓣少许。

调料 白醋、蜂蜜各适量。

做法 ❶莲藕去皮，洗净，切薄片，备用；紫甘蓝洗净，切小片，和适量凉开水一同放入料理机中，打碎过滤后取汁，备用。

❷在紫甘蓝汁中倒入1大匙白醋，紫甘蓝汁的颜色瞬间会变成粉红色。

❸藕片放入加有白醋的沸水中汆烫片刻，捞出沥干水分，然后放入做法❷中的紫甘蓝汁中。

❹在泡有藕片的紫甘蓝汁中倒入适量蜂蜜，搅匀，然后放入冰箱冷藏1～2小时即可取出，点缀上花瓣即可。

美人黄瓜卷

材料 黄瓜1根，蒜末适量。

调料 辣椒油、生抽、香油、盐、白糖各适量。

做法 ❶黄瓜用清水洗干净，擦干水，去皮，用瓜刨将黄瓜刨成薄薄的长片，然后将黄瓜长片卷起来，整齐地放在盘子里。

❷将蒜末、辣椒油拌匀，入微波炉加热30秒，再加入生抽、香油、盐、白糖拌匀，浇在黄瓜卷上即可。

Tips 素食小秘籍

◎黄瓜洗净后要擦去水分，否则会影响黄瓜脆嫩的口感。

◎如果卷好的黄瓜卷容易散开，可以用牙签固定。

蔬果三脆

材料 梨1个，黄瓜1根，西芹100克。

调料 白糖、白醋各适量。

做法 ❶ 先将西芹洗净，切成小条，入沸水中氽烫1分钟后捞出过凉，沥干，备用。

❷ 梨洗净，去皮及核，黄瓜洗净晾干，再将梨与黄瓜切成条状，备用。

❸ 将切好的梨条、黄瓜条、西芹条放入碗中，依个人口味加入白糖、白醋拌匀，盖上保鲜膜，放入冰箱中冷藏30分钟即可。

辣拌豆腐干

材料 豆腐干250克，青椒、红椒各1个，姜末、蒜末、葱末各适量。

调料 生抽、醋、香油、辣椒油各少许。

做法 ❶ 豆腐干切片，入沸水中氽烫2分钟，捞出过凉，沥干；青、红椒洗净，晾干，用刀拍扁，去籽。

❷ 油锅烧热，放入青、红椒，煸成虎皮状时盛出，凉凉，切丝。

❸ 将所有的材料及调料放入碗中，拌匀即可。

酸辣木瓜丝

材料 木瓜1个，胡萝卜丝50克，圆白菜丝、蒜末各适量。

调料 香油、醋各少许，辣椒油、鸡精、盐各适量。

做法 ❶ 将木瓜去皮，挖去瓤和籽，洗净后切细丝，放入冰水中浸泡20分钟后捞出沥干。

❷ 将木瓜丝、胡萝卜丝、圆白菜丝放入大碗中，加入适量的盐、鸡精、香油、辣椒油、醋、蒜末，拌匀后腌制5分钟即可。

清爽芥蓝

材料 芥蓝300克，姜末、蒜末各适量。

调料 盐、白糖、生抽、蒸鱼豉油各适量。

做法 ❶将芥蓝洗净。

❷锅中倒入适量清水，大火烧沸后，倒入芥蓝汆烫至断生后捞出，备用。

❸油锅烧热，下姜末、蒜末爆香，加适量水、生抽、蒸鱼豉油、盐、白糖，烧至汤汁浓稠后浇在芥蓝上即可。

扒银耳

材料 干银耳100克，豆苗50克。

调料 盐、香油各适量。

做法 ❶将干银耳泡发，去蒂，洗净，撕成小朵；豆苗清洗干净，大部分入沸水中汆烫后沥干，备用。

❷锅置火上，放入适量清水，加入银耳小朵煮沸，捞出盛入碗内过凉，撒上烫过的豆苗，加盐，淋上香油，拌匀，最后点缀上生豆苗即可。

蒜味拌秋葵

材料 秋葵150克，胡萝卜50克，红椒、蒜碎各适量。

调料 美奶滋（蛋黄酱）30克，香油、白糖、白醋各1小匙，盐、白胡椒粉各少许。

做法 ❶将秋葵去除蒂头，洗净；胡萝卜洗净去皮，切菱形片，入沸水中汆烫，捞起放凉备用；红椒洗净，切片。

❷取一容器，加入所有材料、调料拌匀，盛入盘中即可。

醋拌金针菇

材料 金针菇100克，鲜香菇1朵，胡萝卜30克。

调料 黑醋3大匙，盐、黑胡椒粒各少许，香油、生抽、白糖各1小匙。

做法 ❶将金针菇去除根部，撕散；鲜香菇去蒂，切片；胡萝卜洗净，切丝。将所有材料一起入沸水氽烫至断生，捞起放凉，挤干备用。

❷将所有调料拌匀调成味汁。

❸将做法❶中的材料加入味汁拌匀即可食用。

西红柿土豆沙拉

材料 西红柿3个，黄瓜、胡萝卜各50克，土豆、熟鸡蛋各1个。

调料 沙拉酱适量。

做法 ❶西红柿洗净，挖去蒂和籽，做成西红柿碗；胡萝卜、黄瓜均洗净，切丁，沸水中氽烫至断生；熟鸡蛋黄捣烂，蛋清切丁。

❷土豆煮熟，去皮，压成泥，与其余材料、沙拉酱拌匀，装入西红柿碗中即可。

松仁菠菜

材料 豆腐皮3张，菠菜200克，松仁30克。

调料 盐、香油各1匙，白糖、生抽各1/2匙。

做法 ❶豆腐皮入水中清洗，除去豆腥味，沥水备用；菠菜入沸水中烫30秒后，捞出沥水，剁碎，加入松仁、盐、白糖、生抽和香油拌匀。

❷豆腐皮铺在干净的案板上，在靠近自己的一头均匀铺上菠菜碎，慢慢卷起，最后斜刀切开，摆盘即可食用。

Part 2

淡雅素热菜

紫背菜煎黄瓜

材料 黄瓜400克，紫背菜200克，小米辣2个，蒜末适量。

调料 老抽、盐各适量。

做法 ❶黄瓜洗净，切成片，并用适量盐抓匀。

❷将紫背菜洗净，切成段；小米辣洗净，切圈。

❸锅中放少许油烧热，放入黄瓜片，两面煎至断生，盛出。

❹锅中再倒入适量油，将小米辣圈和蒜末炒香。

❺加入紫背菜段，炒出香气，投入黄瓜片，滴入老抽，炒匀即可。

香煎杏鲍菇

材料 杏鲍菇200克，蒜末适量。

调料 盐、黑胡椒粉、黄油各适量。

做法 ❶将杏鲍菇洗净，晾干，斜切成厚圆片。

❷炒锅烧至八成热，加入黄油，小火烧至熔化。

❸将杏鲍菇片均匀地排放在锅底，用小火煎至出汤。

❹当杏鲍菇片煎出汤汁、明显缩小时，加入蒜末。

❺继续用小火煎至蒜末变金黄色时，撒上黑胡椒粉及盐。

❻煎约20秒后翻面，撒上剩下的黑胡椒粉和盐，续煎至两面微焦即可。

回锅青红藕片

材料 莲藕1节，青椒片、红椒片、葱末、姜末各适量。

调料 料酒、生抽、甜面酱、豆瓣酱、白糖、干淀粉各适量。

做法 ❶莲藕去皮，洗净，切片。

❷藕片入沸水中氽烫2分钟，捞出，沥干，放入碗中，撒上干淀粉抓匀。

❸锅置火上，加油，烧至六成热时，放入处理好的藕片，炸至表面微焦，捞出，沥油。

❹锅底留油，炒香葱末、姜末，倒入豆瓣酱翻炒至出红油，加入甜面酱炒匀，然后加入青、红椒片，炒至断生，再放入藕片，最后烹入料酒，加生抽、白糖翻炒均匀即可。

茭白炒笋丁

材料 鲜笋1根，茭白3根，姜末、葱末各适量。

调料 盐、辣椒酱、生抽、老抽、米醋、白糖、香油各适量。

做法 ❶鲜笋去皮，洗净，切小丁；茭白去硬皮，洗净，切丁。

❷将白糖、生抽、辣椒酱、米醋、老抽、香油放入碗中，搅拌均匀成味汁。

❸锅内加水，煮沸，放入适量盐，倒入鲜笋小丁，氽烫2分钟，捞出，沥干。

❹油锅烧热，爆香姜末后，放入氽烫过的鲜笋小丁，翻炒1分钟左右，倒入茭白丁，翻炒至熟，然后倒入做法❷调好的味汁搅匀，改小火继续烧2分钟，最后撒上葱末即可。

油菜香菇炒油条

(材料) 油菜300克，油条2根，香菇、葱、姜、蒜各适量。

(调料) 盐、素蚝油各适量，鸡精、五香粉各少许。

(做法) ❶油菜择洗干净；油条切段；香菇洗净，切片；葱洗净，切末；姜、蒜分别去皮，切末。

❷锅置火上，加入适量油，待油热，爆香葱末、姜末、蒜末和五香粉，倒入香菇片，翻炒至软。

❸倒入油菜，调入适量盐，加素蚝油，大火翻炒至油菜变软，再加入鸡精调味，最后放入油条段，翻炒均匀即可。

油菜香菇烧豆腐

(材料) 油菜350克，北豆腐1块，鲜香菇、葱各适量。

(调料) 生抽、素蚝油、盐、鸡精、水淀粉各适量。

(做法) ❶油菜择洗净切段；北豆腐浸入盐水中15分钟，取出后切块；鲜香菇洗净去蒂，切块，在顶部划十字刀，同油菜段一起放入沸水中汆烫，捞出沥干水分；葱洗净，切末。

❷油锅烧热，放入北豆腐块，炸至豆腐块成金黄色，捞出，沥油。

❸油锅烧热，爆香葱末，放入鲜香菇块、豆腐块、油菜段翻炒，再调入盐、鸡精、生抽、素蚝油，然后加适量清水焖烧3分钟左右，最后用水淀粉勾薄芡即可。

芦笋炒小西红柿

材料 芦笋300克，小西红柿10个。

调料 素高汤、盐、素蚝油、番茄酱各适量。

做法 ❶芦笋取鲜嫩部分，清洗干净，入沸水中汆烫至变色，入凉水中冷却，捞出，沥干。

❷小西红柿清洗干净，去蒂，一切两半，备用。

❸锅置火上，倒入适量油，烧至六成热，放入小西红柿块，快速翻炒至出汁，调入素蚝油、番茄酱，倒入素高汤，翻炒均匀。

❹最后放入汆烫后的芦笋，加盐调味即可。

山药炒双瓜

材料 山药150克，黄瓜80克，木瓜60克，蒜适量。

调料 盐、香油各适量。

做法 ❶将木瓜去皮，挖去瓤和籽，洗净，切片；山药去皮，洗净，切花片；黄瓜洗净，切菱形片；蒜去皮，洗净，切片。

❷锅置火上，倒入适量油烧热，放入蒜片炒香，然后加入山药片翻炒，接着放入黄瓜片，加少许清水，翻炒至黄瓜片变色，倒入木瓜片翻炒均匀，最后加盐调味，淋上香油即可。

芙蓉炒蛋

材料 鸡蛋3个，笋丝、素火腿丝各20克，葱丝、胡萝卜丝、水发香菇丝各10克。

调料 盐少许，白胡椒粉、水淀粉各适量。

做法 ❶鸡蛋打散，加入所有调料，打匀成蛋液，备用。

❷锅置火上，加1大匙油，大火烧热，再加入葱丝、素火腿丝、胡萝卜丝、香菇丝以及笋丝翻炒至变软，然后加入做法❶中的蛋液。

❸转至中火快速翻炒，至蛋液凝固，炒散即可。

蒜薹蛋丝

材料 蒜薹200克，鸡蛋1个，水发黑木耳、蒜末、辣椒丁各适量。

调料 水淀粉、盐、鸡精、胡椒粉、米酒各适量。

做法 ❶蒜薹洗净切段；水发黑木耳洗净，切丝，备用。

❷鸡蛋打散，加少许盐、水淀粉拌匀。

❸热锅加少许油，倒入蛋液，煎成蛋皮，捞出切丝，备用。

❹热锅，放入半大匙油，爆香蒜末、辣椒丁。

❺最后加入蒜薹段、黑木耳丝，以大火炒匀，加入盐、鸡精、胡椒粉、米酒及蛋丝炒至入味即可。

红烧豆腐

材料 豆腐1块，干香菇2朵，熟笋丝25克，胡萝卜丝20克，葱丝适量。

调料 老抽、白糖、盐各适量。

做法 ❶豆腐切大块；干香菇泡发，去蒂，切丝。

❷油锅烧热，爆香葱丝，加香菇丝、胡萝卜丝，以中火炒香，再加入熟笋丝、适量水炒匀。

❸最后放入豆腐块，放老抽、白糖、盐烧至入味即可。

Tips素食小秘籍 尽量不生吃胡萝卜。生吃胡萝卜不利于胡萝卜素的吸收。

三椒炒豆腐干

材料 豆腐干150克，青椒、黄椒、红椒各1/2个，胡萝卜1/2根，蒜末适量。

调料 盐、白糖、鸡精、胡椒粉、生抽各适量。

做法 ❶豆腐干、青椒、红椒、黄椒、胡萝卜洗净，切丝。

❷热锅，放入1大匙油，爆香蒜末，再放入胡萝卜丝、豆腐干丝以中火炒一下。

❸再加入青椒丝、黄椒丝、红椒丝、热水、盐、白糖、鸡精、胡椒粉、生抽快炒入味即可。

Tips素食小秘籍 青椒一次不宜吃得过多，因为青椒有一定的刺激性，一次吃多过对胃肠道刺激会过强，进而引起腹痛及其他不适。

葱煎土豆

材料 土豆500克，葱段适量。

调料 盐适量。

做法 ❶土豆清洗干净，不需要去皮；装到盘子里，撒少许盐，上锅蒸熟。蒸好后取出土豆，用刀压扁成泥。

❷锅中放少许油烧热，放入土豆泥略煎，用筷子翻面，煎至两面微微发焦，取出。

❸锅中再加入少许油，放入葱段爆香，放入煎好的土豆泥，加盐调味，翻炒片刻即可。

西红柿炒圆白菜

材料 西红柿2个，圆白菜200克，蒜适量。

调料 盐、生抽、白糖各适量。

做法 ❶西红柿洗净，入沸水中稍加汆烫，捞出，去皮，切块；圆白菜的茎与叶分开，分别撕成块，洗净；蒜去皮，切片，备用。

❷油锅烧热，放入蒜片，炒香，再倒入西红柿块，翻炒片刻后，放入圆白菜茎，炒至圆白菜茎软，再放入圆白菜叶，调入白糖、生抽，稍加翻炒，最后加盐调味即可。

四季豆炒鸡蛋

材料 四季豆200克，鸡蛋3个，素肉末50克。

调料 A.胡椒粉、盐各少许；B.米酒、鸡精、盐、老抽各适量。

做法 ❶四季豆去蒂及筋，洗净，切小丁。

❷鸡蛋打散，加入调料A拌匀。

❸油锅烧热，放入素肉末炒散，加老抽上色。

❹放入四季豆丁。

❺再倒入蛋液，翻炒至蛋液呈松散粒状，加调料B（老抽除外）炒匀即可。

蚝油芥蓝

材料 芥蓝350克，蒜末适量。

调料 盐、素蚝油、香油各适量。

做法 ❶芥蓝去掉底部的硬皮，切开，放入清水中浸泡30分钟，洗净，备用。

❷锅置火上，加入适量清水和盐，煮沸后下入芥蓝氽烫至变色，捞出，过凉，沥干，备用。

❸油锅置火上，热油爆香蒜末，然后加入素蚝油翻炒均匀，再放入芥蓝快速翻炒，最后加入盐调味，起锅前淋入香油即可。

咸蛋黄炒苦瓜

材料 苦瓜1根，咸蛋黄1个，蒜末、葱段各适量。

调料 白糖少许。

做法 ❶苦瓜洗净，去籽，切片；咸蛋黄切块。

❷苦瓜片放入沸水中氽烫去涩，捞起，沥干。

❸油锅烧热，爆香蒜末、葱段、咸蛋黄块。

❹加入苦瓜片拌炒均匀，最后加少许白糖调味即可。

胡萝卜葱炒鸡蛋

材料 胡萝卜300克，鸡蛋2个，葱适量。

调料 盐、白糖各适量。

做法 ❶胡萝卜洗净，切丝；葱洗净，切末；鸡蛋磕入碗中，加入白糖，打散，备用。

❷油锅置火上，烧热，下入鸡蛋液，炒散，盛出，备用。

❸锅中倒入适量油，油热后下入胡萝卜丝，翻炒至胡萝卜丝变软，加入炒过的鸡蛋，加适量盐翻炒均匀，最后撒入葱末炒匀即可。

三色菜花

材料 菜花1个，青椒、胡萝卜、蒜各适量。

调料 盐、生抽、素蚝油各适量。

做法 ❶菜花掰成小朵，放入盐水中浸泡20分钟左右，捞出，沥干；胡萝卜洗净，切片；青椒洗净，去籽，切块。

❷将浸泡好的菜花小朵放入煮沸的盐水中氽烫，捞出过凉，沥干，备用。

❸油锅烧热，爆香蒜后，放入胡萝卜片翻炒至软，再放入青椒块、菜花小朵，用盐、生抽和素蚝油调味，最后转中火继续炒至入味即可。

四色小炒

材料 玉米粒400克，松仁100克，牛奶45毫升，青椒、红椒、葱末各适量。

调料 盐3克，白糖适量。

做法 ❶玉米粒清洗干净，入水中略煮，捞出，沥干；青、红椒洗净，去蒂和籽，切丁，备用。

❷松仁放净锅中炒出香味，待松仁微微变黄且变得油亮后盛出。

❸调成大火，倒入油烧热后，放入葱末爆香，然后倒入青、红椒丁翻炒1分钟，接着倒入氽烫过的玉米粒，调入盐和白糖，翻炒均匀。

❹倒入牛奶，待汤汁快收干时，放入炒好的松仁，一起翻炒均匀即可。

白菜烧板栗

材料 白菜1棵，板栗适量。

调料 盐、鸡精、料酒、素高汤、水淀粉、醋各适量。

做法 ❶白菜洗净，切条；将板栗放入锅中汆烫，待板栗熟后剥去壳，备用。

❷锅置火上，加油烧至七成热时，下白菜条稍炒，加入适量清水煮3分钟，捞出沥干备用。

❸另起一锅，放入白菜条略煮，然后放入板栗，再放入盐、鸡精、素高汤、醋、料酒，加入少量水煮沸，最后用水淀粉勾芡即可。

酱香苦瓜

材料 苦瓜200克，蒜末适量。

调料 豆瓣酱、干辣椒、老抽、白糖、盐各适量。

做法 ❶苦瓜洗净，切薄片；干辣椒切段，备用。

❷苦瓜片放入碗中，加少许盐轻轻抓均匀，腌制5分钟左右，用清水洗去盐，然后将苦瓜片放入滴过油的沸水中汆烫至断生即捞出，过凉。

❸锅置火上，放入少许油，加入豆瓣酱炒出红油，然后加入干辣椒段和蒜末炒香，倒入汆烫好的苦瓜片翻炒均匀，接着放入老抽、盐、白糖调味，最后翻炒至苦瓜片入味即可。

酱烧茄子

材料 茄子300克，蒜末、香菜各适量。

调料 豆瓣酱、鸡精、盐各适量。

做法 ❶茄子洗净，去皮，切成滚刀块。

❷锅置火上，放入油，烧热后，放入茄子块，稍加煸炒，再加入盐，煸炒至茄子呈金黄色且软烂，然后加入豆瓣酱继续煸炒，煸炒至茄子均匀裹上酱汁。

❸最后加入蒜末翻炒均匀，加入鸡精调味，撒上香菜即可。

红烧冬瓜

材料 冬瓜500克，香菜适量。

调料 红烧汁适量。

做法 ❶将冬瓜洗净，刮去外皮，切成菱形条，备用。

❷油锅烧至七成热，放入冬瓜条翻炒，加入红烧汁和沸水，搅拌均匀后加盖。

❸大火烧沸后转中小火焖至冬瓜熟，点缀上香菜即可。

蚝油蒸茄子

材料 茄子2根，蒜5瓣，香菜适量。

调料 素蚝油、盐、香油各适量。

做法 ❶茄子洗净，去皮，切条，然后撒上盐，腌制15分钟；蒜切末。

❷将腌制好的茄子条放盘中，撒上蒜末，入蒸锅中蒸12分钟后关火，倒出盘中多余水分，将素蚝油均匀地淋在茄子条上，再蒸8分钟。

❸最后取出蒸好的茄子，淋上一点香油，撒上香菜即可。

洋葱炒黄瓜

材料 黄瓜350克，紫皮洋葱100克。

调料 生抽、盐各适量。

做法 ❶黄瓜洗干净，先切成斜段，再切成3毫米厚的菱形片。

❷紫皮洋葱剥去老皮，切成丝，备用。

❸油锅置火上，待油热时，倒入紫皮洋葱丝翻炒，炒至变软，出香。

❹放入黄瓜片，翻炒均匀后加盐、生抽调味，略加翻炒即可。

酱烧豆腐

材料 豆腐1块，蒜苗适量。

调料 牛肉酱、豆瓣酱各适量。

做法 ❶豆腐切成小块；蒜苗的蒜白和蒜叶分别切碎，备用。

❷锅中放少量油，下蒜白碎炒香。

❸先放牛肉酱，再放一小勺豆瓣酱炒匀。

❹加入小半碗水，放入豆腐块，晃动锅子，烧至豆腐入味，最后撒上蒜叶碎翻匀即可。

茄汁豆腐

材料 西红柿2个，豆腐2块，小葱2根。

调料 番茄酱、白糖、盐各适量。

做法 ❶西红柿洗净，切块；豆腐切小块；小葱留葱白，切片。

❷油锅烧热，爆香葱片。

❸加入西红柿块翻炒，下白糖、番茄酱、盐和适量水煮沸。

❹放入豆腐小块翻炒，继续烧至收汁即可。

彩椒炒百合

材料 鲜百合120克，青椒、黄椒、红椒各150克，蒜适量。

调料 盐、白糖各适量，鸡精少许。

做法 ❶青椒、黄椒、红椒洗净，掰瓣，去籽，切片；蒜切片；鲜百合洗净后沥干水分，掰瓣。

❷锅置火上，倒入适量油烧热，爆香蒜片，呈微焦状后取出。

❸锅留底油烧热，放入青椒片、黄椒片、红椒片略炒后，放入洗好的百合、热水和所有调料，快速翻炒均匀至入味即可。

土豆片炒青椒

材料 土豆2个，青椒1个，葱、蒜各适量。

调料 盐适量。

做法 ❶土豆去皮，洗净，切成薄片；青椒洗净，去蒂、籽，切成块；葱洗净，切段；蒜去皮，切片。

❷锅中倒入适量清水，大火煮沸，放入土豆片汆烫1分钟后捞出，过凉，沥干，备用。

❸油锅置火上，大火加热，待油烧到六成热的时候，放入葱段和蒜片炒香，然后放入汆烫好的土豆片和青椒块翻炒2分钟，最后加入盐翻炒均匀即可。

小炒杏鲍菇

材料 杏鲍菇150克，蒜、蒜苗、葱、小米辣各适量。

调料 蘑菇精、老抽各适量。

做法 ❶杏鲍菇去根洗净，切片；蒜切片；蒜苗切段；葱切段；小米辣切小圈，备用。

❷锅置火上，倒入适量清水烧开，将杏鲍菇倒入稍加汆烫，捞出沥干水分。

❸另起一锅，加入适量油，烧至五成热，放入葱段、蒜片、小米辣圈炝锅。

❹然后放入杏鲍菇片翻炒，接着放入老抽后，再将蒜苗段放入，大火翻炒均匀，再倒入适量清水，调入蘑菇精翻炒片刻，出锅即可。

炝炒麻辣土豆丝

材料 土豆350克，葱、蒜各适量。

调料 盐、味精各3克，干辣椒段、花椒各适量。

做法 ❶土豆去皮，洗净，切丝，用水淘洗几遍，洗去多余淀粉，然后用水浸泡；葱洗净，切末；蒜去皮，切末。

❷锅内加适量水，煮沸，放入土豆丝汆烫20秒，捞出，过凉，沥干。

❸油锅置火上，放入花椒，待油到八九成热时，放入干辣椒段，然后加葱末、蒜末一起炒香后，放入汆烫过的土豆丝快炒20秒，放盐和味精炒匀即可。

干煸辣椒

材料 青辣椒5个，红辣椒1个，蒜片适量。

调料 豆豉酱、盐、白糖各适量。

做法 ❶将青辣椒和红辣椒分别清洗干净，切成段，用小刀在青辣椒表皮上划上一些小口，备用。

❷将油锅烧热，将青辣椒段和红辣椒段分别放入锅中，用锅铲不停地按压并不断地翻动，当辣椒两面都煎出漂亮的虎皮后盛出。

❸在锅中放入适量的油，加入蒜片和豆豉酱，慢慢地煸炒出香味来。然后放入虎皮辣椒一起翻炒几下，再加入少量的水稍微煮一下。最后加入白糖、盐等调味，翻炒几下即可。

辣炒魔芋杏鲍菇

材料 魔芋250克，杏鲍菇半根，葱末、蒜末各适量。

调料 剁椒、盐适量。

做法 ❶杏鲍菇洗净，切小块；魔芋洗净，切块，放入锅里汆烫2分钟，捞出沥干，备用。

❷锅置火上，放少量的油烧热，将杏鲍菇块下入锅中煸炒至杏鲍菇稍有点干，盛出，备用。

❸油锅烧热，爆香蒜末和部分葱末后，把剁椒也放进去一起煸香，炒至剁椒出红油后，放入魔芋块翻炒几下，放入煸过的杏鲍菇小块一起翻炒，最后放剩余的葱末和盐即可。

芥辣魔芋丝

（材料）魔芋丝200克，金针菇、胡萝卜丝、黄瓜丝各100克，香菜段适量。

（调料）剁椒、白糖、生抽、醋、芥辣各适量，香油少许。

（做法）❶魔芋丝用适量清水浸泡；金针菇切掉根部，清洗干净，撕散，备用。

❷锅中烧水，水烧开后将金针菇倒入沸水中汆烫至断生，捞出，再放入胡萝卜丝，汆烫至稍软，捞出，沥干。

❸向沸水中倒入浸泡好的魔芋丝煮3分钟，捞出，沥干。

❹油锅烧热，放入金针菇、魔芋丝、胡萝卜丝翻炒片刻，盛出加入黄瓜丝、香菜段、剁椒、白糖、生抽、醋、芥辣、香油拌匀即可。

红烧日本豆腐

（材料）日本豆腐300克，蒜薹3根，胡萝卜1根，蛋清、蒜末各适量。

（调料）素蚝油、生抽、干淀粉、盐各适量。

（做法）❶将日本豆腐切成方块，蘸了蛋清后裹上干淀粉，放入热油中炸一下，待颜色变深立即捞出。

❷蒜薹洗净，去除老茎部分，切段；胡萝卜洗净，切薄片。

❸油锅烧热，加入蒜末炒香，加入蒜薹段、胡萝卜片。

❹锅中加入适量水、素蚝油、生抽，下炸好的日本豆腐块，翻炒片刻，加盐调味即可。

白果炒芦笋

材料 芦笋200克，鸿禧菇、白果各50克，姜丝、辣椒丝各适量。

调料 盐1/4小匙，白糖、香菇粉、白胡椒粉各少许。

做法 ❶白果放入沸水中，氽烫一下捞出，沥干，备用。

❷芦笋取鲜嫩部分，洗净，切段；鸿禧菇洗净备用。

❸锅置火上，倒入适量油烧热，加入姜丝、辣椒丝爆香锅后，再放入处理好的芦笋段、鸿禧菇翻炒一下。

❹最后再放入做法❶中的白果和所有调料，翻炒入味即可。

Tips素食小秘籍 白果处理不当会有食物中毒风险，注意食用前须浸泡1小时，并充分加热、去掉胚芽，一次不要食用太多。

素烧口蘑芦笋

材料 口蘑400克，芦笋10根，葱段、姜片各适量。

调料 素蚝油、老抽、香油、盐各适量，白糖5克。

做法 ❶芦笋取鲜嫩部分洗净，切段，用加了少许盐和油的沸水氽烫，捞出，冲凉。

❷口蘑洗净，在口蘑正面切花刀，切到1/2处即可，不要切断。

❸炒锅加热，加少许油，爆香葱段、姜片，加入口蘑、芦笋段，端起炒锅晃动，炒到口蘑出水。

❹加入素蚝油、老抽、白糖，再次晃动炒锅，使调料均匀地融入汤汁里。加盖，用中火烧5分钟后，改大火收汁至汤汁浓稠，淋上香油即可。

菠萝烧苦瓜

(材料) 苦瓜1根，菠萝200克，胡萝卜1/2根。

(调料) 白糖、盐各适量。

(做法) ❶将苦瓜洗净，去瓤，切片；菠萝去皮，果肉切成小块；胡萝卜洗净，切成片。

❷锅烧热后倒入少许油，倒入苦瓜片略炒，下胡萝卜片翻炒，加白糖翻炒匀。

❸锅中倒入少许水，焖煮1分钟，倒入菠萝块炒匀。

❹以中火再烧约半分钟，调入盐，炒至汤汁收干即可。

Tips素食小秘籍 菠萝有促进消化和吸收的作用，尤其适宜在春夏季食用。

炸豆腐

(材料) 板豆腐300克。

(调料) 蘸酱适量。

(做法) ❶板豆腐洗净，切小块，备用。

❷烧热油锅，入板豆腐煎炸，并用锅铲轻推避免底部焦黑，至外表微酥时，捞起，沥干油分，备用。

❸将做法❷中的板豆腐，再放入油锅中二次煎炸，直至板豆腐块表面呈金黄酥脆状，捞出，沥干净油，食用时蘸酱即成。

蚝油韭菜豆芽

材料 韭菜、绿豆芽各200克，胡萝卜1/3根，葱段适量。

调料 素蚝油、生抽各1小匙，白糖1/3小匙。

做法 ❶韭菜摘去头部，洗净后沥干水分，切段；胡萝卜洗净去皮后切粗丝；绿豆芽洗净。

❷锅内加入清水烧开，放入绿豆芽氽烫1分钟左右，捞出后沥干水分，备用。

❸油锅用大火加热，待油烧至五成热时放入葱段，改用中小火煸香，并放入胡萝卜丝煸炒至软。

❹待胡萝卜丝略变色后放绿豆芽翻炒约15秒，再加入韭菜段，调入生抽、白糖和素蚝油翻炒均匀，出锅装盘即可。

下酒韭黄豆腐干

材料 韭黄300克，豆腐干20克。

调料 老抽、盐各适量。

做法 ❶韭黄清洗干净，切段；豆腐干洗净，切条。

❷油锅烧热，入豆腐干条，调入老抽，加盐翻炒数下，起锅，备用。

❸锅留底油，然后入韭黄段，调入盐，大火煸炒一下，倒入炒好的豆腐干条翻炒均匀即成。

Tips素食小秘籍

◎韭黄含有蛋白质、维生素C等多种营养物质，常用于治疗腹中冷痛、胃中虚热、泄泻、便秘等。

◎韭黄忌炒熟隔夜食用，另外，阴虚内热、有疮疡者不宜食。

风味水煮玉米

材料 玉米300克，葱、姜各适量，蒜少许。

调料 麻辣火锅红油底料、辣酱、干辣椒段、生抽各适量。

做法 ❶玉米去皮，去须，洗净，切块，备用；葱部分切末，部分切段，备用；姜切片，备用。

❷锅置火上，倒入适量油烧热，入麻辣火锅红油底料，爆香葱段、姜片、蒜，接着下入玉米块翻炒，再入辣酱、生抽翻炒数下。

❸然后锅中加入适量热水，稍没过玉米块即可，再入干辣椒段同煮。

❹盖上锅盖，待玉米煮熟出锅后，撒上葱末即可。

回锅蛋

材料 鸡蛋4个，红尖椒2个，葱末、蒜末各适量。

调料 老抽1大匙，盐1/4小匙，白糖1/2小匙，醋2小匙。

做法 ❶鸡蛋放入冷水锅中，水中加少许盐或醋，以大火煮开，改小火煮8分钟至鸡蛋全熟，取出，立刻泡入冷水中，凉后剥壳，切片；红尖椒切丁。

❷将所有调料混合成味汁。

❸油锅烧热，放入蛋片两面煎黄，撒入蒜末、红尖椒丁，再倒入味汁，轻轻翻炒蛋片数下，撒入葱末即可。

蒜末空心菜

材料 空心菜500克，蒜100克。

调料 盐1小匙，水淀粉、醋各适量，香油1/2小匙。

做法 ❶将空心菜去除老梗，择洗干净；蒜去皮，切末，备用。

❷锅置火上，倒油烧热，爆香蒜末。

❸将处理好的空心菜倒入锅中，大火快速翻炒均匀，加入盐、醋调味炒匀，最后淋入少许水淀粉勾薄芡，出锅时加入少许香油即可。

香香豆腐干

材料 豆腐干500克，香菜叶少许。

调料 白糖、老抽、花椒各适量。

做法 ❶豆腐干洗净，切成大小均匀的方块形，备用。

❷将切好的豆腐干放在炒锅中，加入老抽、花椒、白糖搅拌均匀，加入少许水，用小火煮40分钟，直至汤汁收干，盛出，用香菜叶点缀即成。

西蓝花炒胡萝卜

材料 西蓝花、胡萝卜各150克，蒜片适量。

调料 盐、素蚝油适量。

做法 ❶西蓝花洗净，切块；胡萝卜洗净，去皮，切片，备用。

❷西蓝花块、胡萝卜片分别入沸水中汆烫后捞出，沥干，备用。

❸油锅烧热，爆香蒜片，然后放入西蓝花块略翻炒，再放入胡萝卜片翻炒均匀，最后加盐和素蚝油炒匀即可。

葱香萝卜丝

材料 白萝卜200克，红椒丝、葱各适量。

调料 A.盐1小匙；B.白糖1小匙，盐1/2小匙，香油2小匙。

做法 ❶白萝卜去皮切丝，用调料A抓匀腌5分钟后，过凉水冲洗后沥干，备用。

❷葱洗净，切末，放在碗中。

❸锅中加油烧热，入葱末翻炒成葱油。最后将已经处理好的红椒丝、白萝卜丝、葱油、调料B一起炒匀即成。

红烧芋头

材料 芋头150克，香菇50克。

调料 老抽、白糖各1大匙，素高汤1碗，香油少许。

做法 ❶芋头洗净，去皮，切块；香菇洗净，泡软，去蒂，切丁，再用热水汆烫，捞出备用。

❷油锅烧热，放芋头块略炸一下，捞出。

❸锅留余油，将香菇丁炒香，加入炸好的芋头块，倒入素高汤，煮滚后加入剩余调料炒匀，待材料熟透后大火收汁即可。

花椒莴笋丝

材料 莴笋400克，红椒丝少许。

调料 花椒粒、盐、料酒各适量。

做法 ❶将莴笋去皮，洗净，切细丝。

❷锅置火上，倒入适量油烧热，下入花椒粒爆香，炸透。

❸放入莴笋丝，倒入料酒，翻炒至五分熟，加入红椒丝继续翻炒，最后加盐调味装盘即可。

冬日小菜

材料 冬笋300克，泡菜雪里蕻200克。

调料 盐、白糖、鸡精、花椒各适量。

做法 ❶冬笋去皮，洗净，切细条，入沸水中汆烫至熟；泡菜雪里蕻入清水中浸泡60分钟，使其释放咸味，捞出，切碎，备用。

❷烧热油锅，入花椒炝出香味，入泡菜雪里蕻碎，调至小火炒出香味。再入已经汆烫好的冬笋条翻炒，调入盐、白糖，翻炒数下，调入鸡精，炒匀即成。

清炒三椒

材料 青椒、红椒、黄椒各1个，蒜末、姜末各适量。

调料 盐、鸡精、水淀粉各适量。

做法 ❶青椒、红椒、黄椒分别去蒂、籽，洗净，切块，用冰水浸泡3分钟，捞出沥干，备用。

❷锅置火上，倒油烧热，爆香姜末、蒜末，放入青椒块、红椒块、黄椒块共同翻炒，加入盐、鸡精调味，淋入水淀粉勾薄芡即可。

竹笋炒豆丁

材料 香菇、胡萝卜、竹笋、黄豆、玉米笋各50克，姜少许。

调料 素高汤适量，盐、胡椒、水淀粉各少许。

做法 ❶黄豆用清水泡透；香菇、玉米笋分别洗净，切丁；胡萝卜、竹笋洗净，去皮，均切成丁；姜洗净，切成片。

❷锅内加油烧热，爆香姜片，加入剩余的全部材料，调入素高汤、盐、胡椒煮至入味，用水淀粉勾芡即可。

小炒芦笋

材料 芦笋200克，青葱段50克，姜片、红椒片、胡萝卜片各适量。

调料 XO酱、白糖各适量。

做法 ❶芦笋取鲜嫩部分洗净，切段，入滚水中氽烫，捞出，过凉，备用。

❷烧热油锅，入青葱段、姜片、红椒片、胡萝卜片炒香，再加入做法❶中的芦笋段及所有调料快速炒匀即成。

小西红柿炒土豆片

材料 土豆片300克，小西红柿80克，洋葱、青椒各60克。

调料 盐、醋、白糖、番茄酱各适量，水淀粉2小匙。

做法 ❶小西红柿、洋葱、青椒均择洗干净，切片。

❷将少量清水、白糖、醋、番茄酱、盐入锅中煮成味汁。

❸再下入小西红柿片、洋葱片、青椒片、土豆片翻炒至熟，调入味汁，用水淀粉勾芡即可。

莴笋炒香菇

材料 莴笋片150克，鲜香菇片100克，胡萝卜片、蒜片各适量。

调料 盐、水淀粉各适量。

做法 ❶锅置火上，加入适量油烧热，下鲜香菇片，用小火煨透，倒出。

❷锅洗净，擦干水分，加油烧热，下蒜片炝香锅，然后加入莴笋片、胡萝卜片炒至快熟，再加熟香菇片、盐炒透，用水淀粉勾芡即可。

蒜苗炒豆腐干

材料 豆腐干2块，蒜苗2根，青椒2个。

调料 老抽、盐、白糖、米酒、鸡精各适量。

做法 ❶蒜苗洗净，切段；豆腐干洗净，切小片；青椒去蒂、籽，洗净，切块。

❷锅置火上，加油烧热，放入豆腐干片略煎，盛出，备用。

❸原锅放适量油加热，爆香蒜苗段、青椒块。

❹再放入豆腐干片翻炒，调入老抽、盐、白糖、米酒、鸡精，炒至入味即可。

Tips素食小秘籍 蒜苗具有消炎抗菌、化痰止咳、防癌抗癌的功效，一般人均可食用。

西红柿烧茄子

材料 西红柿2个，茄子200克，蒜末适量。

调料 盐、生抽各适量，白糖少许。

做法 ❶茄子洗净，撕小块；西红柿洗净，切块。

❷锅置火上，加油烧热，放入茄子块，翻炒至茄子发软。

❸加入西红柿块，再加入适量清水翻炒，至西红柿出汁，然后加入白糖、盐、生抽调味，最后撒入蒜末即可。

Tips素食小秘籍 由于茄子比较吃油，所以烹饪这道菜的时候可以稍微多放一些油。

香菇炒双花

材料 菜花、西蓝花各150克，香菇50克，葱段、姜块各适量。

调料 水淀粉、鸡精、醋、盐各适量。

做法 ❶ 菜花、西蓝花掰成小朵，洗净，入沸水中氽烫，捞出，沥干；香菇洗净，对半切。

❷ 油锅烧热，放入葱段、姜块炝锅，再加入盐、鸡精、醋炒匀，然后把菜花小朵、西蓝花小朵和香菇放入，用小火炒至入味，加水淀粉勾芡，最后淋上明油即可。

油豆腐烧小白菜

材料 油豆腐、小白菜各300克，蒜片5克，干淀粉适量。

调料 老抽、白酒各1大匙，盐1小匙，白糖、鸡精各适量。

做法 ❶ 将小白菜择洗干净，切成段，再将叶及梗分开。

❷ 锅中倒入油烧热，放入蒜片炒香，放入小白菜梗炒匀，再放入所有的调料及油豆腐以大火焖煮片刻，改小火续煮；待汤汁快收干时，放入小白菜叶煮软即可。

青椒丝炒紫茄子

材料 茄子300克，青椒150克，蒜末、葱末、姜末各适量。

调料 盐、鸡精各适量。

做法 ❶ 将茄子去蒂，洗净，切长条，放入适量清水中，浸泡5分钟后捞出，沥干水分。

❷ 青椒洗净，去蒂、籽，切丝。

❸ 油锅烧热，下入蒜末、葱末、姜末爆香，放入茄子条，翻炒至熟软后加入青椒丝略炒，最后加盐、鸡精翻炒至入味即可。

油炸金针菇

材料 面粉400克，金针菇300克，鸡蛋1个（取蛋清）。

调料 干淀粉适量。

做法 ❶金针菇去根部，洗净，挤干净水分，撕散，打入蛋清拌匀，撒上干淀粉拌匀。

❷将金针菇表面裹上面粉，抖掉多余的面粉。

❸油锅烧热，下入处理好的金针菇煎炸，分多次炸，直至金针菇呈金黄色后捞出即可。

Tips素食小秘籍

◎面粉要均匀地裹住金针菇，直至看不到有液体存在。

◎可以根据喜好自行添加调料。

素蚝油烧平菇

材料 平菇400克，姜丝、葱丝、蒜片各适量。

调料 素蚝油、料酒、鸡精、盐、水淀粉各适量。

做法 ❶平菇洗净，撕成大片，放入沸水锅中汆烫，捞出，沥干。

❷油锅烧热，下入蒜片、葱丝、姜丝爆香，倒入料酒、素蚝油。

❸加适量清水、平菇片、鸡精、盐，烧煮至平菇片熟透，用水淀粉勾芡即可。

Tips素食小秘籍 平菇含有丰富的营养物质，具有益气、益筋活络的功效，能改善人体新陈代谢，增强免疫力，对降低胆固醇及调理肝炎、慢性胃炎、胃和十二指肠溃疡等疾病有一定的疗效。

菊花茄子

材料 长茄子500克、薄荷叶、面粉各适量。

调料 盐、白糖各1小匙，水淀粉、番茄酱、味精各适量。

做法 ❶将长茄子洗净后去蒂，切段，撒盐腌制，直至茄子段变软、有水分从茄子段中渗出后，将水分沥干。

❷将茄子段两面均匀地裹上一层面粉，备用。

❸油锅烧热，将茄子段置于油锅中炸至金黄即可出锅，沥油装盘，摆成菊花形。

❹将盐、白糖、番茄酱、味精、水淀粉调成味汁。

❺锅置火上，加少许油，将味汁倒入锅中，不停翻炒，待汁变浓稠后趁热淋在茄子段上，点缀上薄荷叶即可。

红烧猴头菇

材料 豆腐1块，猴头菇3朵，胡萝卜片、姜各适量，鸡蛋液1/2碗，玉米粉1大匙。

调料 A.素沙茶酱、素蚝油各1大匙；B.咖喱粉、盐、白糖各1小匙；C.干淀粉2大匙。

做法 ❶豆腐切块；姜去皮，切末；猴头菇洗净，去蒂后用冷水泡软，沥干水分，以手撕成块状。

❷将豆腐块、猴头菇块倒入调盆中，加入鸡蛋液用调料B抓匀后倒入玉米粉中拌匀，再蘸干淀粉，放入热油锅中炸至表面呈金黄色，捞出，沥干，备用。

❸另取锅倒油烧热，加入调料A和姜末爆香，放入做法❷中的材料及胡萝卜片翻炒几下后倒入适量水，烧至入味即可。

三椒杏鲍菇

材料 杏鲍菇200克，青椒、红椒、黄椒各30克。

调料 盐、鸡精、白糖、米酒各适量。

做法 ❶ 杏鲍菇洗净，去掉根部，切成片；青椒、红椒、黄椒分别洗净，去蒂、籽，切块，备用。

❷ 锅置火上，倒入适量油烧热，倒入青椒块、红椒块、黄椒块翻炒至香味散出，再入杏鲍菇片炒匀，最后调入全部调料，翻炒均匀即成。

鲜香口蘑

材料 口蘑500克，葱末少许。

调料 素蚝油、袋装红烧汁、白糖、胡椒粉各适量。

做法 ❶ 口蘑洗净，去蒂，切片，入沸水中汆烫，捞出，沥干水分，备用。

❷ 油锅烧热，入口蘑片翻炒片刻，然后调入素蚝油炒匀，加适量的水、袋装红烧汁、白糖、胡椒粉，大火烧沸，然后转中火烧至收汁，撒入葱末炒匀即成。

洋菇炒青豆

材料 洋菇100克，青豆150克，胡萝卜片20克，黄椒片15克，葱段、蒜片各适量。

调料 素蚝油、老抽、鸡精、白糖各1小匙。

做法 ❶ 青豆洗净；洋菇洗净切丁，二者同放入沸水中汆烫，捞出，沥干水分，备用。

❷ 油锅烧热，放入葱段、蒜片、胡萝卜片、黄椒片炒香，再加入青豆、洋菇丁及素蚝油、老抽、鸡精、白糖翻炒均匀即可装盘。

四季豆炒山药

材料 四季豆段150克，山药片、藕片各50克，荸荠片20克，小西红柿3个，南瓜片、葱末、姜丝各适量。

调料 盐、鸡精各适量。

做法 ❶小西红柿洗净，对半切；将四季豆段入沸水中汆烫至八成熟，捞出，沥干备用。

❷油锅烧热，下葱末、姜丝炒香，放入全部材料以大火炒熟，用盐和鸡精调味，装盘即可。

香煎豆腐皮

材料 豆腐皮300克，香菜叶适量。

调料 鸡精、盐、大料、生抽、白糖、桂皮各适量。

做法 ❶油锅烧热，下入大料、桂皮煸炒出香，再加水、加入剩余调料煮沸，盛出，将豆腐皮入汤汁浸泡10分钟，捞出，卷成卷。

❷取平底锅烧热，入豆腐皮卷煎至两面金黄，盛出，摆在盘中，浇汤汁，入蒸锅蒸25分钟，取出，凉凉切块，装盘，点缀上香菜叶即成。

木耳炒辣椒

材料 水发黑木耳200克，青椒、红椒各100克。

调料 盐、鸡精各1/3小匙，水淀粉2小匙。

做法 ❶将水发黑木耳放入清水中充分浸泡，去蒂，洗净；青椒、红椒均去蒂及籽，切成斜片，备用。

❷锅置火上，倒入适量油烧热，下入青椒片、红椒片炒香，加入水发黑木耳翻炒均匀，加盐、鸡精炒匀，用水淀粉勾芡后装盘即可。

西红柿炒菜花

材料 菜花500克，西红柿200克。

调料 番茄酱、白糖、盐各适量。

做法 ❶将菜花、西红柿分别清洗干净，切块，备用。

❷将菜花块放入沸水中汆烫，捞出，沥干水分，备用。

❸油锅烧热，放入西红柿块翻炒，放入番茄酱和白糖，将西红柿块炒成酱状后再倒入菜花块，加盐调味，翻炒入味即可。

鲍汁冬瓜

材料 冬瓜块400克，姜丝、葱末各适量，香菜少许。

调料 料酒少许，盐1小匙，胡椒粉、素鲍鱼汁各适量。

做法 ❶油锅烧热，放入姜丝炒出香味后放入冬瓜块大火翻炒，然后加入少许料酒、适量沸水，调成中火，加盐烧至冬瓜熟。

❷最后调入素鲍鱼汁、胡椒粉炒匀，撒上葱末、香菜即可出锅。

竹笋青豆杏鲍菇

材料 杏鲍菇、竹笋段各100克，红椒片20克，青豆、蒜各少许。

调料 生抽、料酒、醋、白糖、香油、水淀粉各适量。

做法 ❶杏鲍菇洗净，去根部，切片；青豆洗净，放入沸水锅中煮熟，捞出，凉凉。

❷油锅烧热，放入杏鲍菇、竹笋段、红椒片及青豆炒匀，加入全部调料（除水淀粉外）调匀，最后用水淀粉勾薄芡，即可盛出装盘。

芹菜烧豆渣

材料 黄豆、芹菜各250克。

调料 盐、鸡精各适量。

做法 ❶将泡发好的黄豆放入豆浆机中，打完豆浆后过滤出豆渣备用；芹菜去掉老叶，洗净，切丝。

❷油锅烧热，放入芹菜丝，翻炒至软后再放入豆渣，翻炒均匀后，转小火烧至没有汤汁时，调入盐和鸡精，炒匀即可。

辣白菜烧豆腐

材料 韩式辣白菜200克，豆腐150克，芹菜段、姜丝各适量。

调料 盐、白糖、鸡精各适量。

做法 ❶豆腐洗净，切小块；韩式辣白菜切块。

❷锅置火上，倒入适量油烧热，放入姜丝煸炒，再放入韩式辣白菜块翻炒至出红油。

❸将豆腐块放入锅中，进行翻炒，加入适量热水，放入盐、白糖煮5分钟后，再放入芹菜段，待汤汁不多时，放入鸡精调味。

手撕圆白菜

材料 圆白菜500克，姜、蒜各适量。

调料 干辣椒5个，花椒、盐各适量。

做法 ❶先将圆白菜放入水中浸泡10分钟，洗净后撕成片；干辣椒洗净后，沥干切小段；姜、蒜分别切片，备用。

❷油锅烧热，放入花椒、干辣椒段煸炒，再放入姜片、蒜片翻炒数下，炒出香味后放入圆白菜片翻炒至断生，入盐调味，翻炒均匀即可。

干酪菠菜

材料 菠菜500克，干酪150克。

调料 盐、白糖各适量。

做法 ❶菠菜去根，洗净，放入沸水中汆烫片刻捞出。

❷将汆烫好的菠菜放入冷水中过凉，再捞出，沥干水分，备用。

❸油锅烧热，放入做法❷中的菠菜爆炒，再放入干酪使其化开后翻炒，最后入盐、白糖调味，翻炒几下即可。

辣炒黄瓜皮

材料 黄瓜500克，美人椒2个，鲜紫苏叶、蒜末适量。

调料 豆豉、盐、香油各适量。

做法 ❶黄瓜洗净，用削皮刀轻轻削下黄瓜皮（带一点儿瓜肉）；美人椒洗净，切条；鲜紫苏叶切碎。

❷用盐将黄瓜皮腌制30分钟，沥干水分。

❸油锅烧热，下蒜末、豆豉爆香，入黄瓜皮和美人椒条翻炒，出锅前淋入香油即可。

高汤炖西蓝花

材料 西蓝花100克。

调料 素高汤800毫升，盐适量。

做法 ❶西蓝花洗净后，掰成小朵，备用。

❷汤锅置于火上，将素高汤放入锅中继续煮沸，放入处理好的西蓝花小朵，煮至西蓝花小朵软烂后，放入少许盐调味即成。

Tips素食小秘籍 西蓝花具有宁心安神、补气、清热明目的功效。适合耳鸣健忘、脾胃虚弱者食用。

上汤苋菜

材料 苋菜500克，皮蛋1个，蒜、姜各适量。

调料 盐适量，素高汤500毫升。

做法 ❶将苋菜择洗干净；姜洗净，切丝；蒜剥皮，切片；皮蛋剥皮后，切小丁，备用。

❷将苋菜洗净后放入沸水中汆烫至断生，捞出，沥干水分，放入大碗中备用。

❸油锅烧热，放入蒜片、姜丝煸炒，倒入素高汤煮沸，放入皮蛋丁，入盐调味。最后将煮好的汤淋在苋菜上即可。

油焖茭白

材料 茭白块500克。

调料 干辣椒段、大料各适量，生抽、白糖各少许。

做法 ❶油锅烧热，放大料煸炒出香味后，再放入茭白块，煸炒至茭白边缘有些发皱时盛出。

❷锅中留底油，调至中火，放入干辣椒段煸炒出香味，再将做法❶中的茭白块倒入翻炒，入生抽、白糖调味，再放入少量清水，盖上锅盖焖煮，最后调至大火收汁即可。

剁椒芋头

材料 小芋头350克，葱末、香菜叶各少许。

调料 剁椒适量，盐1小匙，鸡精少许。

做法 ❶将小芋头洗净去皮，切成滚刀块后用水浸泡备用。

❷将芋头块放入微波炉碗里，加入盐、鸡精、熟油、剁椒均匀搅拌后放置10分钟，放进微波炉内加热，3分钟后取出，再次均匀搅拌后置入微波炉内加热，直至芋头熟后取出，撒上葱末、香菜叶即可。

咖喱土豆

材料 土豆600克，薄荷叶适量。

调料 油咖喱适量。

做法 ❶将土豆洗净去皮，切滚刀块，放入凉水中浸泡备用。

❷油锅烧热，待油烧至八成热时将备好的土豆块放入锅中翻炒几下，然后加入适量水烧开，再转成小火煮至土豆块熟后关火。

❸最后加入油咖喱搅拌直至其熔化，开小火煮至汁稠装盘，点缀上薄荷叶即可。

香烤土豆条

材料 土豆600克，薄荷叶适量。

调料 盐1小匙，黑胡椒、橄榄油各适量。

做法 ❶将土豆洗净去皮，切长条放入碗中备用。

❷将切好的土豆条加入盐、黑胡椒、橄榄油后搅拌均匀摆在烤盘上。

❸将烤盘放入烤箱，烤箱加热，温度调至180℃，烤20分钟左右，取出，点缀上薄荷叶即可。

孜然土豆

材料 土豆350克，葱末适量，姜丝少许。

调料 盐2小匙，白糖1小匙，生抽、孜然粉、孜然粒、胡椒粉、辣椒粉各适量。

做法 ❶将土豆洗净去皮，切块，备用。

❷锅中加水，待水煮沸后放入土豆块，再加入1小匙盐，待土豆块断生后捞出，沥干备用。

❸油锅烧热，加入姜丝、孜然粒，炒出香味后放土豆块、盐、生抽炒匀，再放白糖、胡椒粉、辣椒粉、孜然粉炒匀，最后撒入葱末即可。

家常草菇

材料 草菇300克，蒜、葱各适量。

调料 盐、料酒、干辣椒各适量。

做法 ❶草菇洗净，对半切开；蒜切片；葱洗净，切片；干辣椒切段。

❷锅中加水煮沸，入草菇汆烫，捞出，入凉水中过凉，沥干水分，备用。

❸油锅烧热，入干辣椒段、蒜片、葱片爆香，再入已经汆烫过的草菇快速翻炒，调入盐，烹入料酒炒匀即成。

竹笋炒香菇

材料 竹笋2根，干香菇16朵，蒜、葱各适量。

调料 生抽2大匙，盐、素蚝油各适量。

做法 ❶竹笋去皮洗净，切块，焯水后捞出备用；葱切段；蒜切片；干香菇泡发，洗净切丁。

❷油锅烧热，将蒜片、葱段爆香，再下入竹笋块、香菇丁翻炒，加入适量盐、生抽和素蚝油，使其入味。炒至竹笋和香菇熟透，汤汁收浓，即可出锅。

枸杞炒芥蓝

材料 芥蓝400克，枸杞1大匙，蒜适量。

调料 盐适量，素高汤1/2杯，料酒少许。

做法 ❶芥蓝洗净，切除硬梗部分，其余切段备用。

❷蒜洗净，切片；枸杞淘洗干净，用沸水泡软，备用。

❸油锅烧热，先爆香蒜片，再放入芥蓝段、枸杞及调料炒熟即可。

沙茶酱炒什锦

材料 油菜50克，干杏鲍菇、干香菇、芦笋、胡萝卜、西蓝花各30克。

调料 沙茶酱1大匙，香菇精、香油各1小匙，盐1/4小匙。

做法 ❶干杏鲍菇、干香菇均泡发，洗净，去蒂，沥干水分，切条；胡萝卜去皮洗净，切长条；芦笋取鲜嫩部分，洗净，切长条；油菜择洗干净，切段；西蓝花洗净，撕小朵。

❷将全部材料均放入沸水中氽烫一下，捞出，备用。

❸油锅烧热，放入沙茶酱炒香，再放入所有材料翻炒至熟，加入剩余调料炒匀即可。

咸蛋丝瓜

材料 丝瓜400克，咸蛋2个，鸡蛋2个，腰果少许，蒜2瓣，薄荷叶适量。

调料 盐1小匙。

做法 ❶将丝瓜去皮洗净，切成滚刀块；将咸蛋碾碎后磕入鸡蛋，整体打散搅拌；蒜切末，备用。

❷锅置火上，倒入适量油，放入腰果，炸至金黄色捞出备用。

❸锅内留油，将搅拌好的鸡蛋液炒熟，盛出备用。

❹锅内留底油，放入少许蒜末炒出香味后，加入丝瓜块、少许水，待丝瓜炒软后加入炒好的鸡蛋、腰果和剩余的蒜末，最后加入盐翻炒均匀，出锅。

❺点缀上薄荷叶即可。

平菇烧白菜

材料 平菇400克，白菜200克，姜丝少许。

调料 干辣椒3个，盐1大匙，生抽、素蚝油各适量，水淀粉少许。

做法 ❶将平菇洗净去根，撕小片；白菜洗净沥干，白菜叶撕片，白菜帮切成薄片；干辣椒切段，备用。

❷白菜片入沸水中汆烫，断生后捞出沥干备用，再放入平菇片汆烫，断生后捞出沥干备用。

❸锅置火上，倒入适量油，油热后放入姜丝、干辣椒段爆香，再放入备用的白菜片和平菇片进行翻炒，最后调入盐、生抽、素蚝油翻炒均匀，淋入水淀粉勾芡即可出锅。

油醋香菇

材料 鲜香菇100克，蒜3瓣，香菜少许。

调料 盐1小匙，醋、黑胡椒粉适量。

做法 ❶将鲜香菇洗净，切成块；蒜切末；香菜洗净切段备用。

❷锅置火上，倒入适量油（最好是橄榄油，它可以炒出香菇原本的香味来），待油热后，加入蒜末爆香，放入鲜香菇块，改大火，翻炒均匀后调入盐、醋、黑胡椒粉，翻炒片刻出锅装盘，撒上香菜段即可。

Tips素食小秘籍 购买鲜香菇时，以菇味香浓、菇肉厚实、菇面平滑、大小均匀、色泽黄褐或黑褐、菇面稍带白霜、菇柄短而粗壮、干燥、不发霉者为宜。

鸡蛋炒西葫芦

材料 鸡蛋3个，西葫芦300克。

调料 盐1小匙，味精少许，胡椒粉适量。

做法 ❶将西葫芦洗净切开，去瓤，去蒂，切成薄片备用；鸡蛋打入碗内搅拌均匀，备用。

❷锅置火上，倒少许油，倒入鸡蛋液炒成鸡蛋块，盛出备用。

❸锅内再次加入适量油，待油烧至八成热时倒入西葫芦片翻炒直至其变软，加入鸡蛋块，调入盐、味精、胡椒粉后翻炒均匀即可出锅。

鲍汁西葫芦

材料 西葫芦1个，杏鲍菇片200克，葱段、香菜叶各适量。

调料 素鲍鱼汁、盐各适量，白糖少许。

做法 ❶将西葫芦洗净，去瓤，去蒂，切片。

❷油锅烧热，放入葱段炒香，放入杏鲍菇片翻炒，接着调入少许素鲍鱼汁，加入适量清水。

❸待杏鲍菇片快熟时放入西葫芦片翻炒均匀，待西葫芦断生后调入盐、白糖和平素鲍鱼汁，盛出，点缀上香菜叶即可。

椒盐油炸蘑菇

材料 平菇250克，鸡蛋1个，面粉适量。

调料 盐、椒盐各适量。

做法 ❶平菇洗净，沥干水分，撕成条，平菇条入沸水中汆烫，捞出。

❷取适量面粉，打入鸡蛋再加入适量水搅匀，再加适量盐搅匀成面糊。

❸将放凉的平菇条挤去水分放入面糊中拌匀。

❹油锅烧热，将挂了糊的平菇条放入油锅中炸至两面金黄即可出锅。吃的时候蘸椒盐。

百合蒸南瓜

材料 南瓜350克，鲜百合2个，大枣5颗。

调料 白糖适量。

做法 ❶将南瓜洗净，去皮、籽及瓤，切厚片后装置盘中，撒上适量白糖，备用。

❷将鲜百合洗净，去除褐色的部分，掰瓣后放到南瓜片上；大枣泡软后也放到南瓜片上。

❸将南瓜、百合、大枣放入蒸锅中隔水蒸，先调成大火，待其有香味后再改小火蒸25分钟即可出锅。

素煎茄片

材料 长茄子片400克，鸡蛋（取黄）1个，蒜泥、薄荷叶各少许，面粉适量。

调料 盐适量，老抽、香油各少许。

做法 ❶鸡蛋黄中加入面粉、水、盐均匀搅拌调成汁，放入长茄子片，使调好的鸡蛋汁裹在长茄子片上。长茄子片入热油锅中煎至两面金黄，盛出，点缀上薄荷叶。

❷在碗内加入蒜泥、老抽、香油，调成蒜泥老抽汁，蘸着调好的味汁食用即可。

尖椒炒南瓜

材料 南瓜350克，尖椒150克，香菜叶适量。

调料 盐1小匙，味精少许，料酒适量。

做法 ❶先将南瓜洗净，去皮、去籽、去瓤，切薄片备用；尖椒洗净，去蒂及籽，切块，备用。

❷锅置火上，倒入适量油，待油烧热后放入南瓜片翻炒，然后加少许热水，调成中火焖煮片刻，待南瓜片变软后放入尖椒块，调入盐、味精和料酒，大火炒熟出锅，撒上香菜叶即可。

炝炒牛肝菌

材料 牛肝菌片450克，豆苗200克，葱适量。

调料 盐2小匙，干辣椒3个，花椒少许，味精、鸡精、素高汤各适量。

做法 ❶将豆苗洗净，放入沸水中汆烫至断生后捞出，沥干水分，摆在盘底；将牛肝菌片洗净备用；干辣椒切段备用；葱切末备用。

❷锅置火上，加入素高汤煮沸后，再调入盐、味精、鸡精，再放入牛肝菌片煨至入味后捞出沥干，备用。

❸油锅烧热，加入花椒煸炒出香味后放入备用的牛肝菌片、干辣椒段，再调入适量的鸡精、味精、盐然后翻炒均匀，撒上葱末出锅，倒在豆苗上即可。

红烧黑木耳

材料 干黑木耳100克，白菜叶适量，姜少许。

调料 醋、白糖、老抽各少许。

做法 ❶用温水浸泡干黑木耳，泡发后用清水洗净，捞出沥干，撕成小朵，备用；白菜叶洗净切块；姜切片备用。

❷锅置火上，倒入适量的油，放入姜片炒至微黄后放入白菜叶块翻炒几下，加入黑木耳小朵继续翻炒均匀，再调入少许老抽、醋、白糖，上色后改中火，焖烧片刻即可出锅装盘。

双耳炒金针菇

材料 水发银耳、水发黑木耳各100克，金针菇80克，葱、薄荷叶各少许。

调料 盐、味精各1小匙。

做法 ❶将金针菇去掉根部，洗净，撕散，放入沸水中氽烫断生后捞出沥干，备用；葱切花。

❷水发银耳、水发黑木耳分别去蒂，洗净捞出，沥干后撕成小朵，备用。

❸油锅烧热，放入葱花爆香后再放入银耳小朵、黑木耳小朵，翻炒均匀后加入适量清水，改大火烧沸后转小火，再加入金针菇进行翻炒，最后调入盐、味精，翻炒均匀后装盘，点缀上薄荷叶即可。

四季豆烧茄子

材料 四季豆段、茄子条各250克，蒜、红辣椒各适量。

调料 素蚝油、生抽、盐各适量。

做法 ❶红辣椒洗净，切小块；蒜去皮，切片。

❷油锅烧至七成热，下茄子条油炸，炸软后捞出，沥油。

❸四季豆段下油锅炸至表皮起皱，彻底炸熟后捞出，沥油。

❹锅底留油，爆香蒜片和红辣椒块，放入炸好的茄子条和四季豆段翻炒，然后倒入生抽、素蚝油、盐，大火炒匀，至入味即可。

锅巴豆腐

材料 鲜豆腐500克，大米锅巴300克，鲜香菇片100克，水发黑木耳片、水发玉兰片各50克，葱段、蒜片各适量。

调料 豆瓣酱10克，素高汤1000毫升，盐、鸡精、白糖、白醋、水淀粉各适量。

做法 ❶油锅烧热，放入切成厚片的鲜豆腐，炸硬捞出。

❷锅内留底油烧热，放豆瓣酱、葱段、蒜片、鲜香菇片、水发黑木耳片、水发玉兰片煸香，加素高汤、豆腐片、盐、鸡精、白糖、白醋翻炒至食材熟透，用水淀粉勾芡，盛入碗内。

❸油锅烧热，倒入大米锅巴炸至金黄色，捞出装盘，取少许沸油，淋在锅巴上，将碗中的菜倒在锅巴上即可。

微波炉烤甘薯

材料 甘薯适量。

做法 ❶甘薯洗净，带水包上四五层纸巾吸干水分。

❷洗好的甘薯放在锡纸上，用锡纸将甘薯裹好，并将锡纸的一头封好。

❸封好的甘薯放入微波炉用大火烤5分钟，取出，翻面再烤3分钟。

❹取出捏一下，软熟即可。

Tips素食小秘籍 甘薯中含有碳水化合物、蛋白质、膳食纤维、胡萝卜素、多种维生素，而且还含有丰富的赖氨酸，能促进人体新陈代谢，有助于生长发育，所含的膳食纤维素和果胶有利于肠胃健康。

咖喱豆腐

材料 豆腐350克，土豆200克，洋葱100克，牛奶100毫升，薄荷叶适量。

调料 咖喱块适量。

做法 ❶将土豆洗净去皮，切片，放入沸水中汆烫至断生后捞出，沥干水分，备用；将豆腐放入沸水中汆烫紧实后捞出，沥干水分，切片；洋葱洗净切丝。

❷油锅置火上，待油热，放入豆腐片煎至两面金黄后盛出装盘；再将土豆片煎至两面金黄后盛出，置于碗中，备用。

❸锅内留底油，放入洋葱丝爆香后加入煎好的土豆片、豆腐片，倒入牛奶和水，待水煮沸后加入咖喱块搅拌均匀直至咖喱块融化，改小火收汁，盛出，点缀上薄荷叶即可。

茶香豆腐干

材料 豆腐干350克，香菜叶适量。

调料 五香茶叶蛋调料1包，卤水汁适量。

做法 ❶将豆腐干洗净切片；锅置火上，倒入少许油，将豆腐干片煎至两面金黄后捞出，沥干油分，备用。

❷另置一锅，放入卤水汁，将五香茶叶蛋调料包和清水按照1∶2的比例倒入锅中，煮沸后加入煎好的豆腐干片，改中小火煮半小时捞出装盘，撒上香菜叶即可。

Tips素食小秘籍 豆腐干中含有丰富的大豆蛋白，不仅含有人体所必需的8种氨基酸，且所含比例也接近人体的需要，有较高的营养价值。

五香卤豆腐干

材料 豆腐干350克，葱、姜、香菜叶各少许。

调料 盐、白糖各1小匙，大料、桂皮各少许，老抽、料酒、鸡精各适量。

做法 ❶将豆腐干洗净，切花刀，备用；葱、姜切末。

❷锅置火上，热油，放入豆腐干煸炒至水分收干后盛出，备用。

❸锅内留底油，加入葱末、姜末煸炒出香味后，放入桂皮和大料再次煸炒，煸炒片刻后调入料酒和1小碗水，待水煮沸后放入豆腐干，依次调入盐、鸡精、白糖、老抽后改小火焖煮20分钟转大火收汁，盛出，点缀上香菜叶即可。

清炒韭黄

材料 韭黄200克，红椒适量。

调料 素高汤35毫升，盐、鸡精、醋、老抽、水淀粉各适量。

做法 ❶韭黄洗净，切段；红椒洗净，去蒂及籽，切丝，放入碗中加盐、水淀粉搅拌均匀，备用。

❷碗中倒入老抽、醋、水淀粉、素高汤，加鸡精，搅拌均匀成味汁，备用。

❸锅置火上，加入适量油，烧热后，放入红椒丝翻炒片刻。

❹倒入韭黄段，翻炒均匀，再倒入味汁，翻炒至汤汁变少，最后大火收汁即可。

青椒炒腐竹

材料 腐竹350克，青椒100克。

调料 盐适量，花椒少许。

做法 ❶将青椒去蒂及籽，洗净切块，备用；腐竹用凉水泡发，切斜条。

❷锅置火上，倒适量油，放入花椒爆香后将花椒挑出丢掉，再放入青椒块、腐竹条翻炒均匀，然后调入盐和适量的清水翻炒至腐竹熟透即可。

Tips素食小秘籍

◎青椒适宜采用急火快炒的方式烹调，以使其保持原有的色香味。

◎青椒中的维生素C不耐热，易被破坏，因此烹调时间不宜太长。

鱼香鸡蛋

材料 鸡蛋5个，青椒、红椒各60克，干黑木耳50克，葱、姜、蒜各少许。

调料 盐、料酒、老抽、醋、白糖、豆豉、干淀粉各适量。

做法 ❶将青、红椒分别洗净，切丝；干黑木耳用沸水泡发，去根蒂，撕块；葱、姜、蒜切末。

❷将鸡蛋打散，入锅中煎至金黄块状后盛出，备用。

❸在一空碗中，加入盐、料酒、老抽、醋、白糖、干淀粉和适量水调成味汁，备用。

❹锅中加油烧热，煸香豆豉和葱、姜、蒜末，入黑木耳块及青、红椒丝翻炒均匀，然后倒入味汁。最后放入鸡蛋块翻炒均匀即可。

香熏鹌鹑蛋

材料 鹌鹑350克，香菜叶少许。

调料 A.大料、桂皮、丁香、茴香、砂仁、白芷各少许；B.白糖、香油、盐、味精各适量。

做法 ❶将鹌鹑蛋洗净，煮熟后捞出，过凉水，去皮，备用。

❷锅置火上，加适量水煮沸，放入调料A，水再次煮沸后放入盐、味精、白糖，之后放入鹌鹑蛋。

❸改小火煮10～15分钟后关火，再闷煮片刻后揭开锅盖凉凉，取出鹌鹑蛋，装盘，刷上一层香油，点缀上大料和香菜叶即可。

西芹炒黑木耳

材料 西芹80克，干黑木耳40克，鲜百合35克，葱末、姜片各适量。

调料 盐、鸡精各适量。

做法 ❶西芹洗净，切片；鲜百合洗净，掰瓣；干黑木耳入清水中浸泡至发后，去蒂洗净，撕小朵，备用。

❷锅置火上，加入适量油，烧热后爆香葱末、姜片。

❸放入西芹片翻炒至熟，然后放入鲜百合片、黑木耳小朵，炒至软后，调入盐、鸡精，翻炒均匀即可。

Tips素食小秘籍 鲜百合以个儿大、瓣匀、肉质厚、呈白色或淡黄色、无霉变者为佳。干百合则以干燥、无杂质、肉厚且晶莹透明者为佳。

蒜泥炒茼蒿

材料 茼蒿350克，蒜适量。

调料 盐适量。

做法 ❶茼蒿去叶，入盐水中略浸泡，捞出，冲洗干净，切段；蒜去皮，切末，备用。

❷锅置火上，加入适量油，小火烧热，放入蒜末煸炒出香。

❸倒入茼蒿段大火翻炒片刻，最后加盐翻炒均匀即可。

姜汁豆腐泡

材料 豆腐泡350克，姜20克，香菜叶少许。

调料 白糖1小匙，老抽适量。

做法 ❶将豆腐泡洗净，沥干水分，备用；姜切丝。

❷置一碗，放入老抽、清水调成味汁。

❸将炖锅置于火上，调入味汁、白糖，放入豆腐泡、姜丝后开大火煮，煮开后改小火炖，待汤汁黏稠后盛出，点缀上香菜叶即可。

红椒炒毛豆

材料 毛豆200克，红椒适量。

调料 盐适量。

做法 ❶毛豆去荚后，洗净；红椒洗净，切丁，备用。

❷蒸锅置火上，加入适量水，煮沸后放入毛豆仁，煮10分钟，捞出毛豆仁，备用。

❸油锅置火上，烧热，放入煮好的毛豆仁煸炒片刻，然后放入红椒丁，略翻炒，最后加盐调味即可。

小炒刀豆丝

材料 刀豆、胡萝卜各200克，蒜片适量。

调料 盐、豆瓣酱各适量。

做法 ❶刀豆去老筋，洗净，加入有盐、油的沸水锅中煮至八成熟后，捞出，过凉，切丝；胡萝卜洗净，去皮，切丝。

❷锅置火上，加入适量油，烧热后，爆香蒜片，再放入豆瓣酱炒出红油，然后放入胡萝卜丝翻炒至变软。

❸倒入刀豆丝炒匀，最后加盐调味即可。

油炸香椿

材料 香椿250克，鸡蛋1个，芝麻、面粉适量。

调料 盐、十三香各适量。

做法 ❶香椿择洗干净，沥干；面粉、盐、十三香、芝麻放入碗中，磕入鸡蛋，加入适量清水，搅拌均匀成面糊，备用。

❷将香椿放入碗中，使其均匀地挂上面糊，备用。

❸锅置火上，加入适量油，烧热后放入香椿，一边炸一边拨动，以免粘在一起，炸至表面成金黄色即可。

烧香菇

材料 鲜香菇300克。

调料 盐、干辣椒、生抽、水淀粉各适量。

做法 ❶鲜香菇去蒂洗净，切片；干辣椒切段，备用。

❷锅置火上，加入适量油，烧热，爆豆腐干辣椒段，然后放入香菇片、盐，煸炒至香菇变软，再加入适量清水、生抽，煮至汤汁收少，再转大火收汁，最后用水淀粉勾薄芡即可。

蒜烧香菇

材料 鲜香菇400克，蒜片、香菜叶各适量。

调料 白糖、料酒、老抽、醋各适量。

做法 ❶鲜香菇去蒂洗净，切块。

❷白糖、料酒、老抽、醋放入碗中，搅拌均匀，调成味汁，备用。

❸锅置火上，烧热后放适量油，倒入蒜片，煸炒至蒜片呈金黄色，然后放香菇块，翻炒至上色。

❹倒入味汁和适量清水，加盖煮至汤少汁收，最后滴入醋调味，撒上香菜叶即可。

青椒炒香菇

材料 鲜香菇450克，青椒1个。

调料 郫县豆瓣酱、盐各适量。

做法 ❶鲜香菇去蒂洗净，切条；青椒洗净，去蒂及籽，切条，备用。

❷锅置火上，加入适量油，烧热后放入郫县豆瓣酱炒出红油，然后放入香菇条，翻炒至变软，再加入青椒条，翻炒均匀。

❸最后加盐调味即可。

拌炒香菇

材料 鲜香菇100克，金针菇、杏鲍菇、柠檬各50克，红椒圈、蒜片、香菜段各适量。

调料 胡椒粉、盐、黄酒各适量。

做法 ❶鲜香菇、杏鲍菇去蒂洗净，撕块；金针菇去根洗净，撕散；柠檬切片。

❷锅置火上，加入适量油，烧热后放入香菇块、杏鲍菇块、金针菇、蒜片、红椒圈，翻炒片刻，然后放入柠檬片、盐、胡椒粉、黄酒，加盖大火煮2分钟，出锅前点缀上香菜段。

白灼金针菇

材料 金针菇200克，朝天椒、葱各适量。

调料 老抽适量。

做法 ❶金针菇去根，洗净，撕散，入沸水锅中汆烫至熟，捞出，放入盘中；朝天椒洗净，切末；葱切段，备用。

❷盘中均匀地淋入老抽。

❸锅置火上，加入适量油，烧热后放入朝天椒末、葱段炒香，最后将油淋在金针菇上即可。

芹菜胡萝卜碎

材料 芹菜、胡萝卜各200克。

调料 盐、生抽各适量。

做法 ❶芹菜择洗干净，切丁；胡萝卜洗净，去皮，切碎，备用。

❷锅置火上，加入适量油，烧热后放入胡萝卜碎翻炒出香味。

❸然后加盐、生抽翻炒均匀，最后倒入芹菜丁，翻炒至入味即可。

素蚝油豉汁油菜

材料 油菜350克。

调料 素蚝油、白糖、豆豉、盐各适量。

做法 ❶油菜洗净，下入加有盐、油的沸水锅中汆烫至断生后捞出，过凉，放入碗中；豆豉切末。

❷油锅烧热，放入豆豉末煸炒出香，再放入素蚝油炒匀，然后加白糖和适量清水，煮至浓稠，即成味汁。

❸将做法❷的味汁均匀地淋在油菜上即可。

咖喱素三宝

材料 豆腐1块，茄子块、南瓜块各200克，葱末、姜末、蒜末各5克。

调料 咖喱20克，素蚝油10克，葱油、鸡精、白糖各适量，素高汤300毫升。

做法 ❶将豆腐改刀成三角块，与茄子块、南瓜块一起入油锅中炸至断生。

❷锅中入葱油、咖喱炒香，加入素高汤烧沸，加入葱末、姜末、蒜末、素蚝油、鸡精、白糖搅匀，再下入做法❶的材料拌匀即可。

百合西芹

材料 鲜百合2颗，西芹3根。

调料 盐、水淀粉、白糖各适量。

做法 ❶西芹择洗干净后轻轻刮去表面的一层老皮，斜切成段，入沸水锅中汆烫片刻；鲜百合切去头部和尾部，掰瓣，洗净，备用。

❷将所有调料放入碗内，搅拌均匀成味汁。

❸油锅置火上，待烧至五成热时放入西芹段，中火炒至西芹微塌，倒入百合瓣翻炒均匀。

❹马上倒入味汁，翻炒均匀即可。

丝瓜蒜香毛豆

材料 毛豆200克，丝瓜150克，蒜、红椒各适量。

调料 素蚝油、盐各适量。

做法 ❶丝瓜去皮，洗净，切长条；蒜去皮，切末；红椒洗净，切末，备用。

❷锅置火上，加油烧热，爆香蒜末和红椒末，再加入洗净的毛豆快炒，将毛豆翻炒至七成熟，放入丝瓜长条翻炒，然后倒少许素蚝油、水，将丝瓜条炒熟，最后加少许盐调味即可。

茄汁黄豆花生仁

材料 花生仁250克，西红柿2个，黄豆适量。

调料 白糖、盐各适量。

做法 ❶花生仁、黄豆分别泡发，入锅煮。

❷西红柿洗净，去皮，切丁。

❸将花生仁和黄豆用大火煮开，转小火，加入白糖和盐，加盖以小火焖煮。

❹直到水煮到和花生仁齐平的时候，放入西红柿丁，改大火煮开后再转小火，煮至西红柿软烂，汤汁基本收干，关火，闷10分钟即可。

芥蓝炒白玉

材料 芥蓝200克，冬瓜100克，胡萝卜半根、蒜末、干黑木耳各10克。

调料 盐少许，水淀粉适量。

做法 ❶芥蓝去老皮，切条；冬瓜去皮，洗净，切片；干黑木耳泡发，洗净，切片；胡萝卜洗净，切片。锅内加水烧开，下入芥蓝条、冬瓜片、胡萝卜片，煮熟时捞起，凉凉。

❷油锅烧热，放入全部材料炒香，调入盐炒透入味，用水淀粉勾芡即可。

三丁炒茄子

材料 茄子块300克，青椒丁、素火腿丁、洋葱丁各50克，葱末、姜末、蒜片各适量。

调料 盐、鸡精各少许，素高汤3大匙，干淀粉少许，水淀粉适量。

做法 ❶将茄子块裹上干淀粉，然后放入油锅中炸至熟透，捞出，沥干油分，备用。

❷油锅烧热，下入葱末、姜末、蒜片煸炒出香味，然后放入剩余全部材料炒匀，最后加入盐、鸡精、素高汤略炒，再用水淀粉勾芡即可。

青椒炒毛豆

材料 毛豆450克，青椒200克。

调料 盐2小匙，白糖1小匙，料酒、鸡精各适量。

做法 ❶将青椒洗净去蒂及籽，切成粒状；将毛豆去荚，洗净，备用。

❷锅置火上，倒入适量油，放入毛豆仁翻炒均匀后加入料酒再次翻炒，然后加入适量水和盐，待毛豆仁熟后加入青椒粒、白糖、鸡精，翻炒均匀后装盘即可。

椒烧豆腐

材料 豆腐350克，红椒丝20克，葱适量。

调料 盐1小匙，鸡精、料酒各少许，蒸鱼豉油、老抽各适量。

做法 ❶将豆腐切方块；葱分别切末和丝。

❷另取一碗，依次调入盐、鸡精、蒸鱼豉油、料酒、老抽，调成味汁，备用。

❸油锅烧热，放入葱末爆香后加入豆腐块，倒入适量水，煮沸后加入味汁，直至味汁收干，最后加入葱丝、红椒丝，翻炒均匀装盘即可。

椒盐煎豆腐

材料 豆腐350克，鸡蛋1个，薄荷叶少许。

调料 盐1小匙，黑胡椒粉少许。

做法 ❶将豆腐切大片；鸡蛋打散成蛋液，备用。

❷将豆腐片两面均匀地裹上鸡蛋液。

❸锅置火上，倒入适量油，开中小火，将裹蛋液的豆腐片放入锅中炸至两面金黄，最后撒上盐、黑胡椒粉，点缀上薄荷叶即可。

香菇炒菜心

材料 鲜香菇350克，菜心100克。

调料 盐、素蚝油、水淀粉、生抽各适量，素高汤少许。

做法 ❶鲜香菇洗净，切开，入沸水中汆烫；菜心洗净，去硬梗，在淡盐水里泡10分钟后，沥干。

❷油锅烧热，放香菇爆炒，加少许素高汤煮一会儿，加生抽、素蚝油调味后，放入菜心继续翻炒，在菜心快熟时加盐，最后用水淀粉勾芡即可。

芹菜香菇素炒

材料 芹菜250克，鲜香菇120克，胡萝卜、黄瓜各1/2根，小西红柿5个，红椒1个。

调料 盐、香菇精、香油各1大匙。

做法 ❶芹菜洗净，切条；小西红柿洗净；鲜香菇洗净，去蒂，切条；胡萝卜去皮，洗净，切条；红椒洗净，去蒂及籽，切长条。

❷黄瓜切薄片，垫盘底，小西红柿放在其上。

❸将其余材料放入油锅中煸炒，加入调料调味后倒在小西红柿上即可。

香菇炝竹笋

材料 竹笋300克，干香菇1朵，火腿末适量，姜末少许。

调料 盐、生抽各1大匙，白糖1小匙。

做法 ❶竹笋削皮，洗净，入沸水中汆烫，捞出后切段，装盘；干香菇泡发，洗净，去蒂，入沸水中汆烫一下，捞出，备用。

❷油锅烧热，下姜末爆香，加入香菇、竹笋段炝炒后加入生抽、盐、白糖调味，炒熟后撒火腿末即可。

杏鲍菇炒玉米笋

材料 杏鲍菇180克，玉米笋150克，蒜片、姜片各30克。

调料 A.香油1大匙；B.老抽2大匙，米酒1大匙，盐、胡椒粉各少许。

做法 ❶杏鲍菇、玉米笋分别洗净，切滚刀块，备用。

❷将调料B调成味汁。

❸油锅烧热，煸香姜片、蒜片，再加入做法❶中的材料及味汁炒至上色，关火后淋入香油即可装盘。

芹菜炒腐竹

材料 腐竹150克，芹菜100克，红椒1个。

调料 盐、鸡精各适量。

做法 ❶腐竹用冷水泡软，沥干水分，切段；红椒洗净，去蒂及籽，切粗丝。

❷芹菜洗净后，沥干水分，切段。

❸锅置火上，倒入适量炒菜油，爆炒芹菜段至变软，再加入腐竹段翻炒几分钟，放入红椒丝，翻炒数下，放盐、鸡精进行调味，翻炒均匀即可盛出。

双椒炒茶树菇

材料 茶树菇200克，青椒条、红椒条、蒜末各10克。

调料 盐2克，料酒5克，鸡精1克。

做法 ❶将茶树菇洗净撕成条，备用。

❷油锅烧热，下入茶树菇条炸熟，捞出沥油。

❸炒锅留少许油，投入青椒条、红椒条、蒜末略炒，再投入茶树菇条，调入盐、料酒炒出香味，再调入鸡精炒匀，起锅装盘即可。

双椒滑菇

材料 鲜滑菇250克，青椒、红椒各100克。

调料 盐3克，鸡精、香油各2克。

做法 ①将鲜滑菇洗净后放入沸水中汆烫，捞出沥干；青椒、红椒洗净，去蒂及籽，切片，备用。

②锅中放入炒菜油烧热，放入鲜滑菇翻炒片刻，再放青椒片、红椒片稍炒，加盐、鸡精、香油略炒即可。

蛋黄茶树菇

材料 茶树菇250克，咸鸭蛋黄100克，青椒、红椒各10克，全蛋糊200克。

调料 盐、鸡精各1克。

做法 ①将茶树菇洗净，剪头去尾；青、红椒均洗净，去蒂及籽，切末；咸鸭蛋黄碾成末。

②茶树菇裹全蛋糊，放油锅中炸黄捞起。

③将咸鸭蛋黄末放入锅内用小火翻炒，倒入炸好的茶树菇及青、红椒末，调入鸡精、盐炒匀，装盘即可。

剁椒蒸芋头

材料 芋头500克，花生仁适量。

调料 剁椒50克，鸡精、盐、香油、辣椒酱各适量。

做法 ①将芋头洗净，入沸水中用中火煮约20分钟，捞出过凉，去皮后切块。

②将鸡精、盐、剁椒、花生仁、辣椒酱调匀，淋于碗内芋头上。

③将装芋头块的碗放入蒸锅中，隔水蒸30分钟，淋上香油即可。

芽菜蒸冬瓜

（材料）冬瓜250克，芽菜50克，青椒丝、红椒丝各少许。

（调料）老抽5克，鸡精、盐各2克。

（做法）❶将冬瓜去皮及瓤，洗净，切成0.5厘米厚的片，放入沸水中汆烫片刻捞出，沥干水分。

❷将冬瓜片放入碗中，垫上芽菜，淋入用鸡精、盐、老抽调制的味汁，上笼蒸20分钟取出，翻扣于盘中，再撒上青椒丝、红椒丝装饰后即可食用。

核桃仁炒西芹

（材料）西芹、核桃仁各200克，蒜末少许。

（调料）盐、鸡精各适量，辣椒油少许。

（做法）❶将西芹择洗干净，切成段；核桃仁洗净备用。

❷锅内加少许油，烧至七成热时，放入蒜末、辣椒油爆炒至出香味，然后下西芹段、核桃仁翻炒均匀，加盐、鸡精调味，起锅装盘即成。

双椒炒藕片

（材料）莲藕250克，南瓜100克，青椒、红椒各50克。

（调料）盐、鸡精各1/2小匙，香油1/3小匙，水淀粉10克。

（做法）❶莲藕洗净，切薄片；青、红椒均去蒂及籽后切片；南瓜洗净，去皮、去籽、去瓤后切片。这些食材均汆烫后捞出。

❷锅置火上，倒入少许油烧热，将处理好的材料下锅煸炒至熟，然后调入盐、鸡精略微翻炒，用水淀粉勾芡后淋入香油即可。

双椒炒豆腐皮

材料 豆腐皮200克，青椒块、红椒块各50克，葱末、姜末、蒜末各适量。

调料 干辣椒段、盐、鸡精、花椒、香油、水淀粉各适量。

做法 ❶豆腐皮洗净切片。

❷油锅烧热，爆豆腐干辣椒段、葱末、姜末、蒜末、花椒，放豆腐皮片、盐、鸡精，入青、红椒块翻炒，用水淀粉勾芡后，淋香油，翻炒均匀即可。

胡萝卜炒冬菇

材料 冬菇（泡发）80克，胡萝卜丝250克，葱丝、姜丝各适量。

调料 盐、鸡精、白糖、花椒油各适量，干辣椒段少许。

做法 ❶冬菇去蒂，洗净，切丝。

❷锅中加入适量清水，放入冬菇丝烧沸，再放入胡萝卜丝，汆烫30秒，捞出，沥干。

❸油锅烧热，爆香葱丝、姜丝、干辣椒段，放入冬菇丝、胡萝卜丝煸炒，加剩余调料即可。

西芹炒腰果

材料 西芹150克，鲜百合一个、腰果各50克。

调料 素高汤、盐、鸡精、水淀粉各适量。

做法 ❶将鲜百合洗净，掰瓣，入沸水锅中汆烫，捞出，沥干；西芹择洗干净，切片，入沸水锅中汆烫，捞出，沥干。

❷油锅烧热，下入腰果炸熟，捞出，沥油。

❸锅中留底油烧热，下入西芹片翻炒片刻，倒入素高汤、百合瓣继续翻炒，最后加盐、鸡精调味，用水淀粉勾芡，撒上腰果即可。

香炒豆腐干

材料 豆腐干300克，韭菜20克，小米辣10克。

调料 鸡精、盐各2克，白糖3克。

做法 ❶将豆腐干洗净，切成片；韭菜、小米辣均洗净，切段，备用。

❷锅中加油烧热，下韭菜段、小米辣段炒香，加入豆腐干片同炒一下，调入鸡精、盐、白糖炒匀，起锅装盘即可。

宫保豆腐

材料 豆腐丁300克，胡萝卜丁、莴笋丁各80克，花生仁50克，姜末、蒜末、葱花各适量。

调料 盐、生抽、鸡精、豆瓣酱末、水淀粉、白糖各适量。

做法 ❶油锅烧热，加豆腐丁略炸，捞出。

❷锅内留油，下蒜末、姜末、豆瓣酱末炒出红油，放入莴笋丁、胡萝卜丁、豆腐丁炒匀，加入盐、白糖、鸡精煮2分钟后调入生抽，加葱花、花生仁再次炒匀，用水淀粉勾芡即可。

香炒豆腐

材料 油炸豆腐块300克，姜末、蒜末各5克。

调料 白糖5克，桂皮、丁香、香叶各2克，盐、鸡精各3克，素高汤200毫升。

做法 ❶将油炸豆腐块分别一切两半。

❷油锅烧热，炒香蒜末、姜末，注入素高汤，加入桂皮、丁香、香叶、白糖、鸡精、盐，烧约30分钟，放进豆腐块烧至入味，收干汁水即可。

百合炒南瓜

材料 南瓜片400克，鲜百合100克，青椒片、红椒片各30克，葱末、姜末各适量。

调料 水淀粉、盐、鸡精各适量。

做法 ❶将南瓜片、青椒片、红椒片入沸水中汆烫，捞出，沥干；鲜百合去根，洗净，掰瓣，入沸水中汆烫，捞出，沥干。

❷油锅烧热，放入葱末、姜末爆香，再放入南瓜片、百合、青椒片、红椒片翻炒，待将熟时，加盐、鸡精调味，用水淀粉勾芡即可。

香菇炒山药

材料 山药片250克，鲜香菇、胡萝卜各60克，葱段适量。

调料 盐、老抽、胡椒粉各适量。

做法 ❶山药片入加少许盐的清水盆中浸泡；鲜香菇去蒂，洗净，切薄片；胡萝卜去皮，洗净，切薄片。

❷油锅烧热，下入葱段爆香，再放入山药片、鲜香菇片、胡萝卜片炒匀，然后加入适量清水、老抽翻炒，加盐、胡椒粉调味即可。

红抹芦笋

材料 芦笋200克，老盐菜10克。

调料 盐水10克，鸡精1克，素高汤30毫升，熟鸡油5克，泡红椒5克。

做法 ❶芦笋取鲜嫩部分洗净，入沸水锅中汆烫片刻，捞出备用；老盐菜、泡红椒洗净，备用。

❷锅中放入素高汤、盐水，加进老盐菜、泡红椒烧沸，调入鸡精，再淋入熟鸡油，下芦笋煮至入味，盛于盘中，浇上汤汁即可。

泡菜炖豆腐

材料 豆腐500克，泡菜100克，胡萝卜片、葱末、姜末各适量。

调料 盐少许。

做法 ❶将泡菜用清水洗净，挤干水分，切碎；豆腐洗净，切成块。

❷锅置火上，倒油烧热，放入葱末、姜末、泡菜碎、胡萝卜片爆炒，加水烧开。

❸加入豆腐块炖至入味，加盐调味即可。

双味老人头菌

材料 老人头菌250克，面包糠、葱末、姜末、蒜末各适量。

调料 A.全蛋糊200克，盐适量；B.盐、鸡精、白糖各适量；C.泡椒末、水淀粉各10克，醋适量。

做法 ❶老人头菌洗净，切片，汆烫后放入碗中，与调料A拌匀，蘸面包糠后炸至金黄色捞起。

❷锅内留油，炒香泡椒末，加部分姜末、蒜末、调料B，用水淀粉勾芡后加醋、剩余葱末装碟蘸食。

豉香牛肝菌

材料 牛肝菌250克，面包糠100克，青椒片、红椒片各10克。

调料 老干妈豆豉酱15克，盐、鸡精各2克，香油3克，全蛋糊200克。

做法 ❶牛肝菌洗净切片，用盐腌制后蘸全蛋糊，裹面包糠，入热油锅中炸熟。

❷锅底留油烧热，下老干妈豆豉酱炒香，倒入牛肝菌片、青椒片、红椒片略炒，调入鸡精、香油炒匀即成。

干煸双笋

（材料）苦竹笋、水竹笋各150克，青椒末、红椒末各20克，姜末、蒜末、葱末各5克，芽菜适量。

（调料）盐、鸡精、香油、干辣椒段各适量。

（做法）❶水竹笋洗净备用；苦竹笋取用尖部，洗净，切成四瓣。

❷油锅烧热，放入姜末、蒜末、苦竹笋瓣、水竹笋煸炒，放入干辣椒段、芽菜、青椒末、红椒末、盐、鸡精，淋香油，撒葱末即成。

春日合菜

（材料）绿豆芽150克，菠菜100克，粉丝50克，鸡蛋2个，葱段适量。

（调料）盐、花椒油、香油各适量。

（做法）❶绿豆芽洗净；菠菜洗净，切段；均入沸水中汆烫；粉丝泡透后捞出，切长段。

❷将鸡蛋打散，再入油锅中炒熟后盛出。

❸锅中加花椒油烧热，再放入葱段、绿豆芽略炒，放入粉丝段、菠菜段和炒熟的鸡蛋，加盐后炒匀入味，最后淋上香油即可。

菠萝炒木耳

（材料）水发黑木耳150克，新鲜菠萝片100克，胡萝卜30克，姜片20克。

（调料）盐、胡椒粉各1小匙。

（做法）❶水发黑木耳、胡萝卜均洗净切片，放入沸水中略微汆烫，捞出备用。

❷锅置火上，倒入适量油烧热，放入汆烫好的黑木耳片、胡萝卜片、新鲜菠萝片、姜片和所有调料翻炒均匀即可。

Part 3 温润素汤饮

南瓜洋葱汤

材料 南瓜200克，洋葱1/4个，甘薯1个。

调料 淡奶油、白糖各适量。

做法 ❶南瓜、甘薯分别洗净、去皮，南瓜还要去除籽和瓤，二者切块，放入蒸锅中蒸熟，取出；洋葱去老皮，洗净，切碎，备用。

❷蒸熟的南瓜和甘薯去皮。

❸将去皮的南瓜块和甘薯块按压成泥状，放入锅中，然后加入适量的清水和淡奶油、白糖，再放入洋葱碎，待煮开后关火即可。

Tips素食小秘籍 不可以一次性吃过多的南瓜，否则容易腹胀和上火。表皮有溃烂或有酒精味的南瓜不宜食用。

上汤皮蛋西蓝花

材料 西蓝花200克，胡萝卜片50克，皮蛋2个，姜末、蒜末各适量。

调料 盐少许，素高汤、白胡椒粉、水淀粉各适量。

做法 ❶西蓝花洗净，切小朵；皮蛋去壳，切丁。

❷西蓝花小朵倒入加过少许油的沸水锅略汆烫，捞出，过凉，备用。

❸油锅置火上，烧热，爆香姜末、蒜末后，放入胡萝卜片炒匀，再加入适量水和素高汤煮开，然后加入皮蛋丁、盐和白胡椒粉煮5分钟，再倒入西蓝花小朵略煮，最后用水淀粉勾薄芡即可。

木瓜杏仁银耳汤

材料 木瓜1/2个，干银耳、杏仁、枸杞各适量。

调料 冰糖适量。

做法 ❶将干银耳泡发，去蒂洗净，撕成小朵，备用。

❷木瓜去皮、去籽、去瓤，切块；杏仁浸泡20分钟，备用。

❸锅中倒入清水，水沸后放入冰糖、杏仁煮5分钟，再放入木瓜块、银耳小朵继续炖20分钟，最后放入枸杞略煮即可。

Tips素食小秘籍 选购木瓜时，一般以大半熟的程度为佳，这样的木瓜肉质爽滑可口。购买时可用手触摸，以果实坚而有弹性者为最佳。

苋菜皮蛋汤

材料 苋菜300克，皮蛋2个，姜末、蒜末各适量。

调料 盐、素高汤各适量。

做法 ❶苋菜去老梗，用清水反复冲洗，去泥沙，捞出，沥干水分；皮蛋去壳，切丁。

❷油锅置火上，烧热，放入蒜末爆香，倒入苋菜，翻炒至软后加入素高汤，放入姜末、皮蛋丁，大火煮开，撒入盐调味即可。

Tips素食小秘籍 苋菜的钙质含量是菠菜的2倍，而且不含草酸，不会影响钙质的吸收。苋菜的质地细软，非常适合小孩、老人食用。

紫背菜萝卜蛋花汤

材料 紫背菜200克，鸡蛋1个，胡萝卜、葱丝、菠菜各适量。

调料 水淀粉、白胡椒粉、盐、鸡精各适量。

做法 ❶紫背菜去老叶，洗净，沥干，切段；胡萝卜洗净，切丝；鸡蛋磕入碗中，打散；菠菜洗净，切长段备用。

❷锅置火上，放入少许油烧热，倒入胡萝卜丝、葱丝翻炒约30秒后，加入适量的清水烧开，倒入紫背菜段、菠菜长段，用大火再次烧开，然后加入打散的鸡蛋适当搅拌，直到蛋液变成蛋花，再加入水淀粉勾薄芡，最后加白胡椒粉、盐、鸡精调味，煮至入味即可。

酸辣蘑菇汤

材料 鲜蘑块200克，豆腐干、胡萝卜、干黑木耳、葱末、姜丝各适量。

调料 盐、生抽各少许，醋、白胡椒粉各适量。

做法 ❶干黑木耳提前泡发，撕成小朵；豆腐干洗净，切条；胡萝卜洗净，去皮，切丝，备用。

❷油锅烧热，爆香姜丝后加入胡萝卜丝、鲜蘑块翻炒。

❸鲜蘑出汤后加入黑木耳小朵和豆腐干条，加入适量清水，大火煮沸后转小火加盖煮约5分钟，加少许盐、生抽略煮片刻后，再放入适量醋和白胡椒粉，至汤汁变稠，撒入葱末即可。

紫背冬瓜蓉汤

材料 紫背菜300克，新鲜冬瓜适量，鸡蛋1个。

调料 料酒、盐、鸡精、香油、白胡椒粉、水淀粉各适量。

做法 ❶冬瓜去皮，挖掉瓤，洗净，切大块；紫背菜择洗干净，捞出沥干，切大段；鸡蛋磕入碗中，打散，备用。

❷蛋液加少许清水拌匀。

❸冬瓜块放料理机打成冬瓜蓉，倒入锅内，添加适量清水，煮沸后，倒入少许水淀粉勾芡，然后放入紫背菜段，边倒入蛋液边搅拌，直到蛋液变成蛋花，最后放入少许香油、料酒、白胡椒粉、盐、鸡精调味即可。

西红柿土豆蛋花汤

材料 西红柿、土豆、鸡蛋各1个，香菜、豆苗适量。

调料 盐、鸡精、香油各适量。

做法 ❶将西红柿洗净，切块；土豆洗净，去皮，切滚刀块；鸡蛋打散；豆苗洗净；香菜洗净，切段。

❷油锅烧热，加入西红柿块、土豆块翻炒，加适量水烧沸。

❸转小火，焖煮约10分钟，慢慢倒入打散的蛋液，轻轻搅拌，加盐、鸡精调味，淋上香油，最后再加上豆苗和香菜略煮即可。

Tips素食小秘籍 因为土豆烹饪时不容易入味和熟透，所以土豆最好先入凉水锅加热氽烫；炖煮时，最好加盖，用小火焖煮的方式，这样才容易均匀熟透。

粉丝豆腐汤

材料 北豆腐1块，粉丝50克，娃娃菜1棵，香菜叶适量。

调料 白胡椒粉、盐、鸡精各适量。

做法 ❶娃娃菜清洗干净，沥去水分，对半剖开，切成长段；香菜叶洗净，备用。

❷粉丝温水泡软；北豆腐切方块。

❸锅里倒入足量水，加入切好的豆腐块，大火煮沸后，放入泡软的粉丝和切好的娃娃菜长段，再次煮沸后，转小火，炖煮5分钟，加入盐、鸡精、白胡椒粉调味，盛出，点缀上香菜叶即可。

Tips素食小秘籍 豆腐买回来后应放在大碗或容器里加上清水或淡盐水浸泡，放入冰箱内冷藏，且保存时间不宜超过2天。

洋葱汤

材料 洋葱500克，蒜10克，香菜少许，法式面包块适量。

调料 A.黄油、白酒各适量；B.鸡精、盐、白胡椒粉各适量。

做法 ❶洋葱去老皮，洗净，切丝；蒜切成末；香菜洗净，切碎，备用。

❷锅置火上，放入黄油以小火熬化，加入蒜末炒香，再加入洋葱丝炒至变色，淋入调料A翻炒数下，加水和调料B，煮15分钟。

❸法式面包块放入烤箱中温烤至略呈黄褐色，取出面包块放入煮好的洋葱汤中，最后撒上少许香菜碎即可。

西红柿豆腐汤

材料 西红柿1个，豆腐1盒。

调料 盐、味精、香油、白胡椒粉、水淀粉各适量。

做法 ❶西红柿洗净，切块。

❷倒出豆腐，入盐水中浸泡30分钟，取出切成块。

❸锅内入油，油热后加入西红柿块煸炒，加盐，再加水烧沸，然后倒入豆腐块，转小火焖烧5分钟后，加味精调味，再加水淀粉勾薄芡，撒少许白胡椒粉，淋香油，盛出即可。

Tips素食小秘籍 为了避免煮碎豆腐块，可以先把豆腐浸在盐水里，约30分钟后取出切块再煮，豆腐块就不容易煮碎了。

西红柿紫菜蛋花汤

材料 西红柿、鸡蛋各1个，紫菜10克，葱末适量。

调料 生抽、盐各少许，味精、香油各适量。

做法 ❶西红柿洗净，去皮，切块；紫菜撕成小片；鸡蛋打散。

❷炒锅热油，下葱末炒香，再放入西红柿块，翻炒一下，加生抽、盐炒匀，倒入适量水烧沸后，煮2分钟，加少许盐、紫菜片，淋入蛋液。

❸煮沸后立即关火，加入少许味精、香油，搅匀即可。

蒜香菜花汤

材料 菜花200克，胡萝卜100克，香菇块适量，蒜2瓣，香菜叶少许。

调料 盐少许，鸡精适量，素高汤1大碗。

做法 ❶菜花洗净，切成小朵后，放入沸水中汆烫至半熟，捞出泡入冷水中，冷却后捞出，沥干水分；胡萝卜洗净，去皮后切片；香菇块洗净，备用。

❷锅中倒入1大匙油烧热，放入去皮蒜以小火炒至表皮稍微呈褐色，加入做法❶处理好的蔬菜拌炒均匀，加入素高汤大火煮开，改中火续煮至菜花熟软，以盐和鸡精调味，最后撒上香菜叶即可。

西红柿土豆汤

材料 西红柿、土豆各1个。

调料 白醋、盐、鸡精、香油、白胡椒粉各适量。

做法 ❶西红柿洗净，去皮，切块。

❷土豆洗净，去皮，切薄片。

❸油锅烧热，下西红柿块略翻炒，加适量白醋、盐。

❹倒入适量水烧沸，加入土豆片，继续烧至土豆片熟，加鸡精、香油、白胡椒粉调味即可。

Tips素食小秘籍 土豆含有丰富的维生素及钙、钾等矿物质，且易于消化吸收，有利于肾炎水肿患者的康复。而且土豆营养丰富，易被人体消化吸收，在欧美则享有“第二面包”的称号。

荸荠豆腐紫菜汤

材料 豆腐80克，紫菜50克，荸荠10个，姜片适量。

调料 盐适量。

做法 ❶将紫菜浸透泡发后清洗干净；豆腐洗净切丁；荸荠去皮，洗净，切块，入沸水中汆烫一下，捞出备用。

❷向汤锅中加入适量的清水，大火烧开，放入紫菜、荸荠块、豆腐丁、姜片煮沸后再煮5分钟。

❸改小火继续煲30分钟左右，出锅前加盐调味即可。

Tips素食小秘籍 荸荠生于水田、池沼之中，表皮极易带菌，还可能带有姜片虫等寄生虫。因此，在鲜食前必须充分洗净和去皮，最好用沸水汆烫一下。

田园杂蔬汤

材料 南瓜、西蓝花各100克，甜玉米、西红柿各1个，胡萝卜1/2根。

做法 ❶将南瓜洗净，去皮、去籽、去瓤，切成长条状；西蓝花用水泡洗干净，切成小朵；甜玉米洗净，切成小段；西红柿洗净，切成薄片；胡萝卜去皮洗净，切条。

❷汤锅内加入半锅水，放入甜玉米段、南瓜条及胡萝卜条，煮约20分钟。

❸加入西蓝花小朵煮至软烂。

❹临出锅前，再加入西红柿片，煮至西红柿片变软即可。

Tips素食小秘籍 保存新鲜玉米时宜除去玉米皮、须，洗净沥干水，装入保鲜袋后再放入冰箱中冷藏。此汤品可加入适量盐调味，也可不加。

口蘑土豆汤

材料 土豆700克，口蘑500克，油菜心4棵，葱末适量。

调料 盐、胡椒粉、鸡精各适量。

做法 ❶将土豆去皮洗净，切成小块，备用。

❷口蘑去蒂，洗净，切片；油菜心洗净，在沸水中汆烫。

❸植物油入锅加热，然后将葱末、口蘑片和土豆块在油锅中煸炒片刻，再注入足量清水，加盐、胡椒粉调味，用小火煮至熟。

❹起锅前，放入油菜心，加鸡精，焖2~3分钟即可出锅。

西红柿疙瘩汤

材料 面粉35克，鸡蛋、西红柿各1个，香菜1根。

调料 盐、香油各少许，生抽、胡椒粉各适量。

做法 ❶面粉放少量水，搅拌成小面疙瘩。

❷鸡蛋打散；西红柿洗净，去皮，切小块；香菜洗净，切末，备用。

❸锅内放水煮沸，再放入西红柿块，转中小火，加入生抽和适量盐调味。

❹将面疙瘩放入锅中并不停搅拌，放入打散的鸡蛋，并轻轻搅拌，最后放香菜末，淋几滴香油，加胡椒粉即可。

榨菜金针菇汤

材料 榨菜150克，金针菇100克，葱段适量。

调料 白胡椒粉、香油各少许。

做法 ❶榨菜切丝后洗净晾干；金针菇去蒂，洗净后横向对切成段。

❷锅置火上，倒入少许油烧热，放入葱段、榨菜丝炒香。

❸放入金针菇段翻炒几下，再加入水煮至沸腾，起锅前加入白胡椒粉、香油即可食用。

Tips素食小秘籍 榨菜本身就带有一定的咸味儿，所以只要利用榨菜本身的味道就足够了，不需要额外在汤里加盐，以免汤汁过咸。

丝瓜豆腐汤

材料 豆腐皮250克，丝瓜100克，葱末10克。

调料 盐2克，鸡精、生抽各1克，素高汤、水淀粉各适量。

做法 ❶豆腐皮入加盐沸水中汆烫，捞出沥干，备用；丝瓜洗净，去外皮，改刀成菱形块。

❷油锅烧热，放入丝瓜块炒至绵软，加素高汤、盐、生抽、豆腐皮烧沸，待豆腐皮入味且熟时，再调入鸡精，用水淀粉勾芡，最后撒上葱末即成。

Tips素食小秘籍 丝瓜最好是现做现切，以免营养成分随汁水流失。

家味浓煲

材料 豆腐皮200克，冬笋、水发香菇、黄瓜、素火腿各50克，葱段、姜片各少许。

调料 盐、素高汤、鸡精、香油各适量。

做法 ❶将豆腐皮、冬笋和黄瓜洗净，切成块；水发香菇洗净去蒂，撕成小朵；素火腿切块。

❷油锅烧热，将葱段和姜片放入锅中爆炒至出香味，注入素高汤，煮沸后调入盐与鸡精，下入豆腐皮块、冬笋块、香菇小朵、黄瓜块和素火腿块煲至熟透，淋入香油即可。

洋葱西红柿玉米汤

材料 洋葱1个，玉米2根，西红柿2个，葱末适量。

调料 盐1小匙，素高汤2大碗。

做法 ❶洋葱和西红柿分别洗净切块；玉米洗净，切段，备用。

❷将煮好的素高汤倒入汤锅中，并加入适量水煮沸，将做法❶中的材料一起放入汤锅中煮10分钟左右，加盐调味，撒上葱末点缀即可。

玉米蔬菜汤

材料 玉米、白萝卜各100克，胡萝卜、水发黑木耳各30克，油菜、姜片各适量。

调料 香油、盐、白胡椒粉各少许。

做法 ❶玉米洗净切段；白萝卜、胡萝卜洗净，切块；水发黑木耳洗净撕小朵；油菜洗净，备用。

❷锅中加入水煮沸，放入姜片、白萝卜块、胡萝卜块、玉米段、黑木耳小朵煮20分钟。

❸再放入油菜和调料煮入味即可。

草莓梨子汤

材料 草莓200克，雪梨150克，杏干50克。

调料 蜂蜜适量。

做法 ❶雪梨洗净切块，与杏干一起放入锅中，加适量水，大火煮沸，再转小火继续煮10分钟。

❷草莓洗净，入榨汁机中打蓉，倒入雪梨杏干汤略煮，即可关火。

❸将煮好的汤倒入碗中，依个人口味加入适量的蜂蜜即可。

豆浆鲜蘑汤

材料 豆浆500毫升，鲜蘑80克。

调料 白糖适量。

做法 ❶将鲜蘑去蒂，洗净，捞出沥干水分，撕成片。

❷锅置于火上，加入适量油烧至五成热，放入蘑菇片翻炒至八分熟，倒入豆浆，小火慢煮5分钟左右。

❸依照个人口味加入白糖即可。

杏仁苹果豆腐羹

材料 豆腐3块，杏仁24粒，苹果粒50克，干冬菇4朵。

调料 盐、白糖、水淀粉各适量。

做法 ❶豆腐切丁，置水中泡一下捞出。

❷干冬菇泡发洗净，切碎，搅成蓉，和豆腐丁一起入锅，加适量水，煮至滚沸，加上盐、白糖调味，再淋入水淀粉调成芡汁，制成豆腐羹。

❸待豆腐羹冷却后，加上杏仁、苹果粒搅拌均匀即可。

甘薯煮姜汤

材料 甘薯300克，姜100克。

调料 盐、白糖各适量。

做法 ❶将甘薯去皮，洗净后切成小块；姜洗净后切成小块。

❷锅中注入足量清水，用大火煮沸后，放入甘薯块和姜块，再次用大火煮沸。

❸再改用小火温煮30分钟后，放入盐和白糖调味，即可食用。

薏米南瓜浓汤

材料 南瓜丁150克，洋葱60克，薏米35克。

调料 黄油1小匙，白糖、奶精各少许。

做法 ❶薏米洗净、泡软后，打成薏米泥；洋葱洗净后切成丁，备用。

❷黄油入锅化开后，加入洋葱丁炒香，再放入南瓜丁及少许水，煮至熟烂后搅成泥状。

❸放入薏米泥，煮沸后转小火煮，待糊成浓汤状后，加白糖，淋上少许奶精即可。

豆芽蘑菇汤

材料 绿豆芽300克，口蘑60克。

调料 清汤、盐、鸡精、醋、香油各适量。

做法 ❶将绿豆芽择好后，洗净沥水；口蘑洗净，切成小片。

❷锅中注入足量清汤，用大火煮沸后，放入口蘑片，用大火煮沸后，再放入绿豆芽，改用小火温煮，待口蘑片和绿豆芽熟软之后，加盐、醋、鸡精调味。

❸淋入香油，搅拌均匀即可。

冬瓜绿豆汤

材料 冬瓜250克，绿豆120克，姜、枸杞各少许，葱适量。

调料 盐、鸡精、香油各适量。

做法 ❶冬瓜去皮，去瓤，洗净切成小片。

❷绿豆入清水泡胀；姜洗净切丝；葱洗净切段。

❸锅中注入足量清水，放入绿豆、姜丝和葱段，用大火煮沸后，再放入冬瓜片，再次煮沸后加盐、鸡精调味，淋入香油，撒上枸杞即可。

芡实莲子薏米汤

材料 芡实、干品莲子、薏米各100克，茯苓、山药各50克。

调料 盐2小匙，米酒30克。

做法 ❶将芡实、茯苓、山药、干品莲子、薏米洗净，一起放入锅中，加水至盖过所有材料。

❷大火煮沸改小火炖煮约30分钟。快熟时加盐调味，淋上米酒即可。

甜脆银耳盅

材料 水发银耳20克，红樱桃3颗（切片）。

调料 白糖4小匙，香油适量。

做法 ❶将锅置于火上，加适量清水，放入银耳、白糖，大火烧开，再改用小火炖至银耳软烂。

❷取几个小碗洗净，擦干水，抹上香油，放入樱桃片，倒入熬好的银耳汤即可。

红豆炖鹌鹑蛋

材料 鹌鹑蛋（煮熟去壳）150克，红豆50克，姜片、葱段各适量。

调料 素高汤、盐、鸡精、香油、料酒、白胡椒粉各适量。

做法 将鹌鹑蛋、红豆、姜片、葱段一同放入锅，放入盐、料酒和白胡椒粉，注入足量素高汤，用大火煮沸后，即改用小火煮2小时左右，直至红豆软烂熟透，再放入鸡精，淋入香油调味即可。

白菜柚子汤

材料 柚子肉5瓣，白菜100克。

调料 白糖适量。

做法 ❶白菜洗净，切成块。

❷将柚子肉入凉水锅中，水沸后煮5分钟，放入白菜块煮熟，再放入白糖调味即可。

Tips素食小秘籍 选购白菜时要注意从质感和色泽两方面判断：一是要结实、紧密，具有份量感；二是尽量挑选叶片完整洁白，叶梗没有黑色斑点的白菜。

蔬菜浓汤

材料 西红柿、胡萝卜、洋葱、芹菜各适量，蒜1瓣。

调料 素高汤、盐、白胡椒粉、淡奶油各适量。

做法 ❶所有蔬菜洗净，切成小块。

❷锅烧热后倒入所有蔬菜和蒜炒软，加入素高汤炖煮。待材料较烂时关火，凉凉，倒进搅拌机，将食物打碎。

❸将做法❷中的材料倒入锅中，加淡奶油煮沸，加盐、白胡椒粉调味即可。

山药红豆汤

材料 山药200克，红豆30克。

调料 黑糖2大匙。

做法 ❶山药洗净，去皮，切小块；红豆用清水浸泡4小时，捞起沥干。

❷红豆与水一起入锅，以大火煮沸，转小火煮5分钟后，熄火闷30分钟。

❸开大火加山药块，煮沸后转小火续煮5分钟，熄火，闷10分钟。

❹最后加入黑糖调味即可。

牛奶花生糊

材料 生花生仁75克，低脂牛奶1/4杯。

调料 花生酱15克，水淀粉、白糖各1/4小匙。

做法 ❶生花生仁入热油锅中以小火炸熟呈金黄色，磨碎成碎末状，加入花生酱拌匀。

❷加低脂牛奶和白糖拌匀，倒入锅中，加水、水淀粉，小火煮成糊状即可。

豆腐杂菌汤

材料 豆腐1块，水发香菇3朵，平菇、蟹味菇各100克。

调料 海底捞菌汤火锅汤料1包。

做法 ❶豆腐切成小块；平菇洗净，撕成小块；蟹味菇去根，洗净；水发香菇切成块，备用。

❷锅中放入适量水，加入海底捞菌汤火锅汤料包烧沸后再熬煮10分钟。

❸放入豆腐块以及三种蘑菇煮熟即可。

黑糖甘薯汤

材料 甘薯250克，姜1块（约50克）。

调料 黑糖2大匙。

做法 ❶材料洗净。甘薯去皮，切块；姜去皮，用刀背拍碎。

❷水倒入锅中，煮沸后加甘薯块和姜碎，以中火熬煮10～15分钟。

❸待甘薯块煮至软熟后转小火加入黑糖搅拌均匀即可。

纤瘦蔬菜汤

材料 西红柿250克，白萝卜200克，玉米笋100克，绿豆芽15克，紫苏、苍术各10克。

调料 盐和黑胡椒碎适量。

做法 ❶紫苏、苍术与800毫升水入锅中，以小火煮沸，滤取汤汁备用。

❷白萝卜去皮洗净，刨丝；西红柿去蒂头，洗净，切丝；玉米笋洗净切丝，放入适量盐；绿豆芽择好，洗净沥水。汤汁放入锅中，加入全部蔬菜煮沸，放入黑胡椒碎拌匀即可食用。

牛奶炖花生

材料 牛奶1500毫升，花生仁100克，枸杞20克，干银耳10克，大枣5颗。

调料 冰糖适量。

做法 ❶将干银耳泡发，洗净、撕成小朵；枸杞、花生仁洗净。

❷砂锅上火，放入牛奶，加入银耳、大枣、花生仁和冰糖同煮至花生仁熟烂后，加枸杞略煮。

玫瑰枸杞养颜羹

材料 新鲜玫瑰花瓣20克，玫瑰露酒50克，枸杞、杏仁、葡萄干各10克。

调料 米酒1瓶，冰糖、醋、水淀粉各适量。

做法 ❶新鲜玫瑰花瓣洗净，切丝，备用。

❷锅中加水烧开，放入冰糖、醋、米酒、杏仁、葡萄干，再倒入玫瑰露酒，待煮开后，转小火再煮20分钟。

❸用少许水淀粉勾薄芡，搅拌均匀后撒上玫瑰花丝和枸杞即成。

山药奶油浓汤

材料 山药块200克，香菇片30克，胡萝卜丁20克，豌豆15克，低脂鲜奶100毫升。

调料 盐少许，淡奶油2大匙，水淀粉适量。

做法 ❶将香菇片、胡萝卜丁和豌豆入锅加水煮沸，再转小火加低脂鲜奶煮5分钟。

❷加水淀粉，放淡奶油和山药块，边煮边搅动，最后加盐拌匀即可。

大枣荸荠汤

材料 豆腐皮1张（15克），大枣（去核）、荸荠各6颗。

调料 冰糖2大匙。

做法 ❶大枣洗净，稍微泡软；豆腐皮泡软，再换水将豆腐皮漂白，捞起后沥干水分，切条；荸荠洗净，削除外皮备用。

❷大枣、荸荠、适量水入锅中，用大火煮沸，转小火熬煮20分钟，放入豆腐皮条，煮5分钟。

❸放入冰糖煮至溶化后即完成。

海带豆芽汤

材料 黄豆芽200克，海带50克，蒜末5克，熟白芝麻少许。

调料 盐各适量，韩式甘味调味粉5克。

做法 ❶海带洗净，汆烫，捞出，切小段；黄豆芽去除根部，洗净沥干。

❷热锅倒入油烧热，爆香蒜末，加入黄豆芽略翻炒。

❸加适量水，大火煮开后改中小火续煮约5分钟，加入海带段拌匀，加调料调味，撒熟白芝麻即可。

黑豆莲子甜汤

材料 黑豆100克，莲子30克，枸杞10克。

调料 冰糖1大匙。

做法 ❶材料洗净，黑豆泡水约1小时；莲子泡水约30分钟，捞出沥干，备用。

❷将做法❶中泡发的黑豆、莲子和水放入锅中炖煮约1小时，放入冰糖和枸杞，略煮片刻即可。

四神桂圆汤

材料 桂圆肉75克，薏米、芡实、莲子各40克，山药块、茯苓各20克。

调料 盐少许。

做法 ❶将所有材料洗净，捞出沥干水分，备用。

❷锅中倒入1000毫升水，加入薏米、芡实、莲子、山药块、茯苓煮开，转小火继续煮30分钟。

❸加入桂圆肉煮至汤品释放出甜味，再加盐调味即可。

银耳蛋花汤

材料 干银耳20克，鸡蛋2个。

调料 冰糖2大匙。

做法 ❶干银耳洗净，泡发，去除杂质和蒂头后洗净。

❷泡发的银耳撕成小片，放入锅中，加冰糖和水，煮沸后转小火续煮30分钟，至银耳熟烂。

❸将鸡蛋打入碗中，搅拌成蛋液，倒入锅中搅散，煮沸即可。

罗汉果芥菜莲藕汤

材料 莲藕块200克，芥菜段120克，罗汉果30克，山药块20克。

调料 盐、鸡精、香油各适量。

做法 ❶将罗汉果拍碎，用纱布包好，在锅中熬煮20分钟，留汁待用。

❷将莲藕块、山药块一同入锅，倒入熬罗汉果的汁水，用小火温煮。

❸待莲藕熟后，放入芥菜段，加盐、鸡精调味，再次煮沸后，淋入香油即可。

陈皮酸梅汤

材料 山楂干25克，乌梅干20克，陈皮15克，甘草3克。

调料 冰糖适量。

做法 ❶乌梅干、陈皮、山楂干、甘草一起用水淘洗干净，加入2000毫升水浸泡40分钟。

❷将泡好的材料同水一起倒入煮锅中，大火烧开，转小火煮40分钟，加冰糖煮5分钟后关火。

❸煮好的酸梅汤滤去汤渣，放凉后装入密封容器中，放入冰箱冷藏后即可饮用。

荷叶莲子羹

材料 大枣30克，干莲子20克，荷叶1片，枸杞5克。

调料 冰糖适量。

做法 ❶将荷叶洗净后切成细丝；干莲子和大枣用水冲洗干净。

❷锅中放入适量水，加入荷叶丝、干莲子、大枣，大火烧沸后转小火煮20分钟。

❸最后调入适量冰糖，再继续煮5分钟，出锅前撒上枸杞即可。

香芋百合芡实煲

材料 芋头块250克，胡萝卜块120克，鲜百合瓣30克，芡实10克。

调料 素高汤、水淀粉、盐、淡奶油各适量。

做法 ❶芡实洗净，用热水浸烫半小时后放入锅中，加水煮沸，改小火再煮10分钟。

❷胡萝卜块与芋头块一起放入热油锅中煎至金黄色，盛出后放入做法❶的锅中。

❸锅中加素高汤、鲜百合瓣煮沸，转小火，加淡奶油搅匀，然后放入盐、水淀粉调匀即可。

奶汤冬瓜

材料 冬瓜300克，牛奶100毫升。

调料 盐、鸡精、水淀粉、香油、葱姜汁各适量，胡椒粉少许。

做法 ❶将冬瓜去皮、瓤，洗净，切条。

❷油锅烧热，下入冬瓜条、葱姜汁翻炒片刻，再加入盐、鸡精、胡椒粉、牛奶，大火烧沸后，转小火炖至入味，用水淀粉勾芡，淋入香油即可。

芹菜叶土豆汤

材料 土豆300克，嫩芹菜叶100克，葱末、姜末各适量。

调料 盐、鸡精、素高汤各适量，香油少许。

做法 ❶土豆去皮，洗净，沥干，切条；嫩芹菜叶洗干净。

❷油锅烧热，放入葱末、姜末爆香，再放入做法❶中的材料翻炒片刻，倒入素高汤。

❸大火烧沸后，加盐、鸡精调味，淋上香油即可。

蘑菇萝卜汤

材料 水萝卜250克，蟹味菇、白玉菇各60克，洋葱30克，豆腐干片少许。

调料 盐、鸡精各适量，奶油高汤1200毫升。

做法 ❶将水萝卜去皮洗净，连少许萝卜缨一起切成两半，再切长片；洋葱去老皮，洗净，切块；蟹味菇、白玉菇均去蒂，洗净，沥干。

❷油锅烧热，翻炒洋葱块，入奶油高汤烧沸。

❸放入豆腐干片、水萝卜片、蟹味菇、白玉菇烧沸，最后加盐、鸡精煮至入味即可。

莲藕毛豆汤

材料 莲藕250克，毛豆仁100克，姜末适量。

调料 盐少许，鸡精、料酒各适量，素高汤1000毫升。

做法 ❶将毛豆仁洗净；莲藕去皮，洗干净，切成片，备用。

❷油锅烧热，下入毛豆仁、姜末、藕片翻炒片刻。

❸倒入素高汤、料酒，待材料煮熟软后，放入盐、鸡精，小火煨至入味即可。

枣香山药羹

材料 山药150克，大枣、鲜百合各50克。

调料 水淀粉、冰糖各适量。

做法 ①山药洗净，去皮，切片；大枣、鲜百合均洗净，大枣去核，鲜百合掰成小瓣。

②在锅中加适量清水，放入山药片、鲜百合、大枣，用大火煮沸，然后改用小火慢慢煮。

③当食物将熟的时候调入适量冰糖，然后用水淀粉勾芡，搅拌均匀即可。

五物蔬菜汤

材料 南瓜150克，胡萝卜、山药、豇豆各50克，鲜香菇5朵。

调料 盐、素高汤各适量。

做法 ①将南瓜洗净，去皮及瓤，切片；胡萝卜去皮、去籽、去瓤，切片；山药去皮，切厚片，放入清水中浸泡；豇豆洗净，切段；鲜香菇去蒂，洗净，撕块。

②锅中加清水，放入南瓜片、胡萝卜片、山药片、豇豆段、香菇块，大火烧沸后，转小火煮15分钟，加盐、素高汤煮至入味即可。

奶汤花生藕块

材料 莲藕250克，五香花生仁50克，西蓝花4朵，杏仁罐头1瓶，牛奶适量。

调料 黄油、盐、白糖各适量。

做法 ①将莲藕去藕皮，洗净，切块；五香花生仁去外皮；西蓝花朵洗净；杏仁罐头开瓶，取出适量杏仁洗净，沥干。

②锅中加黄油，大火烧至化开，入藕块、西蓝花朵、去皮五香花生仁、杏仁翻炒，再加入水、牛奶，大火煮沸后，加入盐、白糖调味即可。

Part 4

美味素主食

麻辣拌面

材料 面条100克，黄瓜1根。

调料 生抽、香油、芝麻酱、辣椒油、盐各适量。

做法 ❶黄瓜洗净，切丝，备用。

❷锅中放入适量清水，煮沸，将面条放入，然后撒一点盐，将面条煮熟；不能太烂，但是要没有硬心。煮好后捞出，过凉，然后放入碗中，调入生抽、香油，搅拌均匀。

❸然后将黄瓜丝撒在面条上，最后放入芝麻酱和辣椒油即可。

Tips素食小秘籍 不喜欢吃辣的朋友也可以不放辣椒油哦！喜欢吃其他素菜的朋友还可以放入一些胡萝卜丝、洋葱丁等食材，让这款拌面食材更丰富、更有营养。

莲子西红柿炒面

材料 面条100克，莲子15个，西红柿1个，蒜3瓣。

调料 料酒1大匙，盐1/2小匙，白胡椒粉少许，素高汤适量。

做法 ❶锅中放适量清水，面条以沸水煮熟，捞出，过凉，备用；蒜去皮；西红柿洗净，去皮，切丁；莲子用水泡软后，入沸水中氽烫至熟，捞出。

❷锅中倒入炒菜油烧热，爆香蒜，放入莲子，淋上料酒、素高汤，翻炒片刻。

❸加入西红柿丁炒软，加入做法❶中煮好的面条和剩余调料拌炒，至汤汁收干即可。

清爽薯粉

材料 甘薯粉条150克，洋葱丝30克，油炸花生仁、姜末、蒜末各适量。

调料 醋、生抽、辣椒油、白糖、香油、素高汤、盐各适量，鸡精少许。

做法 ❶锅内放入适量清水，大火烧开，下入甘薯粉条，煮熟后捞出，然后放入凉开水中浸泡至变凉后捞出；洋葱丝放入沸水中汆烫，捞出，过凉。

❷将姜末、蒜末放入碗中，加入生抽、醋、白糖、盐、鸡精、香油、辣椒油、素高汤搅匀成味汁。

❸将味汁淋在沥干的甘薯粉条上，然后放上汆烫好的洋葱丝，最后撒上油炸花生仁拌匀即可。

西红柿鸡蛋面

材料 面条100克，鸡蛋1个，西红柿、葱末、姜末、蒜末各适量。

调料 香油、生抽、盐各适量。

做法 ❶鸡蛋磕入碗中，打散；西红柿洗净，切块，备用。

❷锅中放入适量清水煮沸，面条入沸水锅中煮熟，捞出，过凉。

❸油锅烧热，放入姜末、蒜末炒匀，倒入蛋液翻炒至蛋液成块状，盛出；然后放入西红柿块翻炒至出汁，再将炒过的鸡蛋倒入，翻炒均匀，加盐、生抽调味。

❹将炒好的西红柿鸡蛋倒在面条上，搅拌均匀，淋上香油，撒上葱末即可。

银耳木瓜糯米粥

材料 糯米100克，木瓜1/2个，干银耳、枸杞各适量，牛奶100毫升。蜂蜜适量。

做法 ❶干银耳用清水泡发，去蒂，洗净，撕小朵；木瓜洗净，去皮、瓤、籽后切小块；枸杞洗净。

❷锅内加适量水，放入糯米、银耳以大火煮沸，再转中小火煮30分钟后，下入木瓜块，煮10分钟，加入牛奶烧沸关火，加枸杞，以蜂蜜调味即可。

山楂糯米粥

材料 糯米100克，山楂50克。

调料 冰糖适量。

做法 ❶山楂洗净，去核，切薄片，备用；糯米洗净后用冷水浸泡2小时左右，沥干水分，备用。

❷锅中倒入适量水，大火煮沸后倒入山楂片煮15分钟，倒入糯米，用中小火煮1小时，最后加入冰糖调味即可。

甘薯大米粥

材料 甘薯1个，大米80克。

调料 白糖适量。

做法 ❶大米洗净，加水浸泡半小时。

❷甘薯洗净，去皮，切成丁。

❸将大米和甘薯丁一同放入锅中，放入适量的水煮至粥稠，最后依个人口味加适量白糖调味即可。

养肝四宝粥

材料 大米100克，山药150克，大枣50克，花生仁30克，枸杞5克。

做法 ❶大米洗净；山药洗净，去皮，切块；大枣洗净，去核，对切成块。

❷锅中放入适量水煮沸，再放入大米、花生仁、大枣块以大火煮沸后，转小火煮40分钟，加入山药块煮20分钟，最后加入枸杞再煮2分钟即可。

枸杞燕麦大枣粥

材料 大米150克，大枣80克，燕麦50克，枸杞5克。

调料 白糖适量。

做法 ❶大米洗净，加水浸泡半小时，放入锅中，按常法煮粥。

❷大枣洗净，去核；枸杞洗净。

❸大米粥煮好后放入燕麦、大枣，煮至所有材料熟透，放入枸杞、白糖搅匀即可。

南瓜燕麦粥

材料 南瓜200克，大米100克，燕麦50克。

调料 盐或白糖适量。

做法 ❶大米洗净，常法煮粥；南瓜去皮、去瓤、去籽，洗净，切块，备用。

❷待锅内大米粥煮滚，倒入燕麦搅拌均匀，加盖继续煮10分钟。

❸倒入南瓜块，煮5分钟，最后依个人口味加白糖或盐调味即可。

南瓜蜂蜜粥

材料 大米50克，南瓜80克，莲子5颗。

调料 蜂蜜适量。

做法 ❶将南瓜去皮、去瓤、去籽，洗净，切成小块，备用。

❷把大米和莲子放入水中浸泡1小时以上，备用。

❸锅中加适量水，煮沸，放入大米和莲子，煮沸后转至中小火熬至米粒开花变软，然后放入南瓜块，盖上盖子，中火煮到软烂，最后加蜂蜜调味即可。

Tips素食小秘籍 南瓜中含有大量的β-胡萝卜素和微量元素，可以帮助预防多种癌症。

豌豆核桃粥

材料 大米100克，新鲜豌豆50克，去皮核桃仁30克。

调料 白糖或蜂蜜适量。

做法 ❶大米淘洗干净，入清水中浸泡30分钟左右；新鲜豌豆、去皮核桃仁分别洗净，备用。

❷锅中加适量清水，倒入浸泡好的大米，大火煮沸后转小火煮10分钟，再倒入豌豆，煮20分钟后，加入核桃仁续煮5分钟。

❸将煮好的粥根据个人口味加白糖或蜂蜜，搅拌均匀即可。

Tips素食小秘籍 核桃仁中所含维生素E，可减轻自由基对细胞的氧化损害，有很好的抗衰老功效。

山药枸杞粥

材料 糯米100克，山药1小段，枸杞适量。

做法 ❶所有材料洗净，山药去皮切丁，用水浸泡20分钟，糯米用水浸泡2小时。

❷将浸泡好的糯米和山药丁连清水一同倒入锅中，用大火煮沸，再转小火熬煮40～50分钟至米粒开花、粥稠。

❸加入枸杞，再煮2分钟即可。

Tips素食小秘籍 山药能增强皮肤表皮细胞的新陈代谢及肌肤保湿的功能，更可改善体质；枸杞可补肝肾，抗衰老。常食用此粥有很好的美容养颜功效。

薏米绿豆粥

材料 大米150克，绿豆110克，薏米100克。

调料 蜂蜜或冰糖适量。

做法 ❶将绿豆与薏米洗净后放入碗中，加水，放冰箱冷藏室浸泡一夜；大米淘洗干净，泡半小时。

❷捞出大米、绿豆与薏米，放入电饭锅里，加适量水煮半小时左右，至绿豆、薏米、大米熟透。

❸将煮好的薏米绿豆粥凉凉，放适量的蜂蜜或冰糖即可。

Tips素食小秘籍 绿豆具有清暑化湿、清热解毒的作用，在夏季常食用绿豆粥，具有很好的祛暑功效。

辣白菜蛋炒饭

材料 鸡蛋1个，葱20克，米饭、辣白菜各适量。

调料 鸡精、盐、香油各少许。

做法 ❶将鸡蛋磕入碗中，打散成蛋液，备用；辣白菜切碎；葱洗净，切末，备用。

❷锅置火上，放油，大火倒入蛋液，将蛋液炒成小块状后，放入辣白菜碎炒匀，然后倒入米饭，快速炒匀至有饭粒在锅中跳起，最后放入葱末、鸡精、盐，并淋少许香油，炒匀即可。

Tips素食小秘籍 白菜含有丰富的膳食纤维，不但能起到润肠、促进排毒的作用，还能刺激肠胃蠕动，促进大便排泄，帮助消化，对预防肠癌有良好作用。

豌豆饭

材料 大米200克，鲜豌豆100克。

调料 香油1大匙。

做法 ❶大米洗净，用温水浸泡20分钟，备用。

❷鲜豌豆洗净，备用。

❸将大米、豌豆和适量水及香油一起放入蒸锅。

❹用中火蒸30分钟左右，至豌豆、米饭熟烂即可。

Tips素食小秘籍 豌豆做菜，色翠质嫩味香，能增进食欲、解胸闷、消水肿、止渴、通乳、解毒，产妇多食豌豆，可使乳汁增多。

紫米菜饭

材料 紫米200克，圆白菜100克，鸡蛋1个，胡萝卜80克，葱末1大匙。

做法 ❶紫米淘洗干净，放进电饭锅内，加适量水，按下煮饭键煮40~50分钟；圆白菜洗净切粗丝，胡萝卜去皮，洗净后切丝，在电饭锅显示剩余10~15分钟时一起放电饭锅中调和均匀，再加入少量清水，再次按下电饭锅的煮饭键。

❷鸡蛋打匀，分次放入平底锅中煎成蛋皮，取出，切丝。

❸待电饭锅开关再次跳起，将饭菜盛起，撒上蛋丝、葱末即可。

八宝饭

材料 糯米饭200克，莲子、桂圆肉、熟栗子、山药、薏米、白扁豆各40克，大枣10颗，桂花10克。

调料 白糖10克。

做法 ❶将除糯米饭外的所有材料洗净，加水煮熟；熟栗子剥皮、切小块；桂花和白糖加适量清水，熬成白糖桂花水。

❷在一净碗中倒入适量食用油，然后放入做法❶中的所有材料，然后在最上面放入糯米饭，将碗放入笼屉中，隔水蒸5~10分钟，将蒸好的饭倒扣盘中，浇上白糖桂花水即可。

Tips素食小秘籍 八宝饭的用料可以随心选择，不妨发挥创意，做出自己喜欢的口味。

紫米馒头

材料 中筋面粉300克，熟紫米150克，熟黑芝麻60克，奶粉20克。

调料 白糖、酵母温水、盐各少许。

做法 ❶取少量中筋面粉加入酵母温水，搅拌均匀后搓揉成面团，放入面盆中静置2小时。

❷将发好的面团取出，加入剩余的中筋面粉、熟紫米、熟黑芝麻、油、盐、奶粉、白糖和水，揉成面团。

❸将面团在案板上擀成长方形，再从长边开始卷起成柱状，然后用刀切成小面团，用手揉搓成光滑的团状，做成馒头生坯，放入笼屉中蒸25分钟后取出即可。

绿茶汤圆

材料 糯米粉250克，豆沙馅200克，澄粉、熟花生仁、熟核桃仁各30克。

调料 绿茶粉10克。

做法 ❶将澄粉加入少量的沸水，搅拌成黏稠的粉团，再加入糯米粉、绿茶粉及适量清水，调制成团后分成小团。

❷将熟花生仁和熟核桃仁碾碎，再与豆沙馅搅拌均匀制成馅心。

❸用小团包上馅心，并捏成球状，再入沸水中煮熟即可。

Tips素食小秘籍 与其他茶类相比，绿茶最大限度地保留了鲜叶内的天然物质，如茶多酚、叶绿素、维生素等，具有较强的清热解毒功效，虚热者、炎症病变患者及肠炎患者可常饮绿茶。

状元饼

材料 面粉500克，枣泥馅300克，鸡蛋（取蛋清）3个。

调料 白糖少许，小苏打粉、料酒各适量。

做法 ❶把白糖、油、鸡蛋清、料酒加入面粉中与小苏打粉搅匀，然后揉成面团备用。

❷将面团擀成长条，切成均匀的小剂子，用小剂子包住枣泥馅，制成饼坯。

❸将包有枣泥馅的饼坯分别切成模子大小，放入印有“状元”字样的花边模子内，用手掌均匀用力压，使之充满模具，磕出，码盘，然后放入烤箱预热至180℃，烤制5分钟，取出后冷却，再次放入烤箱烤制15~20分钟。

山楂酥

材料 面粉300克，山楂糕200克，鸡蛋清少许。

调料 淡奶油150克，小苏打粉、酥油各适量。

做法 ❶淡奶油搅拌到无颗粒，加入混合均匀的鸡蛋清，调成奶油糊。

❷将面粉拌入奶油糊内，将小苏打粉溶于水中后加入拌匀，揉成面团。将面团分成小剂子。

❸将山楂糕切碎，放入做好的面皮小剂子中包好，做成山楂酥面团。

❹在模型上涂一层酥油，将山楂酥面团装入模型中，放入180℃烤箱中烤20分钟即可。

南瓜饼

材料 南瓜500克，熟白芝麻少许，甘薯干淀粉150克。

调料 白糖50克。

做法 ❶南瓜去皮、去瓤、去籽，洗净，切片，入蒸锅中蒸熟。

❷将蒸熟的南瓜片取出，放入容器中捣碎成泥，加入甘薯干淀粉、白糖搅拌均匀成南瓜粉团。

❸把南瓜粉团分成数个大小均匀的小圆球，然后用手逐一压成扁平状。

❹油锅烧热，下入南瓜饼，以小火煎炸，待一面呈金黄色后翻面，用小火将其炸至两面均呈金黄色熟透后出锅，再趁热撒上熟白芝麻即可。

什锦炒饼

材料 熟饼丝200克，鸡蛋1个，绿豆芽50克，芹菜、胡萝卜、蒜片各适量。

调料 盐、生抽各适量。

做法 ❶芹菜洗净，切段；胡萝卜洗净，切丝；绿豆芽洗净，备用。

❷鸡蛋打散搅拌均匀后，以小火煎成蛋皮，切丝备用。

❸油锅烧热，爆香蒜片，放入胡萝卜丝、芹菜段翻炒，之后再放入绿豆芽、蛋皮丝、熟饼丝开始翻炒。

❹淋少许水，再盖上锅盖用小火焖烧2分钟至熟，最后加适量盐、生抽翻炒均匀即可。

Part 5 诱人素甜品

糯米莲藕

材料 莲藕1节，糯米、红曲米、香菜各适量。

调料 冰糖、白糖各适量。

做法 ❶莲藕洗净，去皮，切去顶端一小段，将莲藕中的孔冲洗干净；糯米放入清水中浸泡2小时。

❷将浸泡好的糯米灌进莲藕孔中，灌至七分满，盖上切下的部分，用牙签插住固定好。

❸高压锅内放入适量清水后，再放入红曲米略煮，接着将灌好糯米的莲藕放入锅中。

❹放入冰糖、白糖煮30分钟左右，关火后捞出莲藕，凉凉，切片，装盘，摆放好香菜即可。

水晶莲子羹

材料 莲子200克，琼脂80克，桂花30克。

调料 冰糖100克。

做法 ❶将莲子用清水泡2小时，泡好后用竹签除去莲心，洗净，备用。

❷锅置火上，倒入适量清水，将冰糖、桂花、琼脂一同放入锅内，大火煮沸，待冰糖、琼脂溶解后，再倒入莲子煮透。

❸将煮好的甜品放入碗内，冷却后放入冰箱冷藏2小时即可食用。

Tips素食小秘籍 莲子能调节肠胃功能，对维护肠胃健康有一定的效用，对消除疲劳也具有极佳效果。无食欲、胃不舒服或肠胃疼痛而不断下痢的人适宜吃莲子羹。

冰糖百合汁

材料 鲜百合180克，青梅60克，桂花20克。

调料 冰糖150克。

做法 ❶将鲜百合洗净后掰瓣，放入笼屉中蒸透，取出后沥干水分；青梅洗净，切开，去核，备用。

❷锅置火上，入适量清水，将冰糖、桂花、青梅、百合放进去，用中火煮沸。

❸青梅、百合都漂在水面上时，即可出锅食用。

Tips素食小秘籍 百合味甘，性微寒，具有止咳化痰、滋养五脏的功效，可用于缓解肺阴虚引起的干咳无痰或咳嗽日久、痰中带血等症状。

蜜梨葡萄汁

材料 雪梨1个，葡萄汁500毫升，薄荷少许。

调料 苹果醋、白糖各适量。

做法 ❶先将雪梨清洗干净，去皮，备用。

❷锅置火上，将500毫升的葡萄汁倒入锅内，再把去好皮的雪梨放进去，加入白糖煮10分钟，待梨煮软后即可关火。

❸待汤汁凉凉后可将雪梨取出、切片、去核。

❹再将梨片放入汤汁中浸泡片刻，倒入苹果醋，放入冰箱内冷藏3小时，食用时可将梨片捞出装盘放薄荷点缀即可。

木瓜银耳莲子糖水

材料 莲子适量，木瓜适量，干银耳20克。

调料 冰糖适量。

做法 ❶备好材料，将莲子放入清水中浸泡2小时，去心，洗干净；干银耳用水泡发后撕成小朵，去蒂，洗净；木瓜洗净，去皮、去籽、去瓤，切成块，备用。

❷锅置火上，倒入适量清水，将银耳小朵放进去，大火煮沸后调小火，45分钟后放入莲子继续煮，20分钟后放入冰糖、木瓜块。续煮15分钟，即可盛出食用。

Tips素食小秘籍 木瓜中含有多种维生素及多种人体必需的氨基酸，可有效补充人体的养分，增强机体的抗病能力。

美味五果汤羹

材料 桂圆80克，薏米50克，莲子、干银耳、鲜百合各适量。

调料 冰糖适量。

做法 ❶可将薏米、莲子前一天晚上浸泡上；干银耳泡发后去蒂，洗净，撕成小朵；桂圆剥壳取肉；鲜百合洗净，掰瓣。

❷锅置火上，倒入1000毫升清水，将薏米、莲子放入锅内，大火煮沸后改小火慢煮2小时。

❸当薏米和莲子煮软后，加入银耳小朵和百合瓣，再煮10分钟。最后放入桂圆肉，当薏米和莲子开花时，便可以放入冰糖搅匀盛出食用。

木瓜糖汁

材料 木瓜1/2个，干银耳适量，枸杞10粒。

调料 冰糖适量。

做法 ❶干银耳用水泡发，去蒂，洗净，撕成小朵；木瓜去皮，去籽，去瓤，切成小块；枸杞洗净。

❷银耳小朵放入砂锅中，加入足量冷水，大火煮开，调成小火焖煮30分钟，加入冰糖继续煲煮至汤汁黏稠。

❸汤中加入木瓜块一起煲煮10分钟，出锅前撒枸杞即可。

Tips素食小秘籍 现代医学发现，木瓜中含有一种酶，能消化蛋白质，有利于人体对食物进行消化和吸收，故有健脾消食之功。

木瓜牛奶冻

材料 木瓜100克，牛奶100毫升。

调料 鱼胶粉适量，白糖、巧克力酱各少许。

做法 ❶木瓜洗净，去皮，去籽，去瓤，榨汁备用；鱼胶粉用冷水浸泡5分钟，备用。

❷牛奶中加入白糖、木瓜汁、鱼胶粉，一边隔水加热一边搅拌均匀，至完全溶解即可关火凉凉。

❸把冷却后的牛奶木瓜液倒入碗中，盖上保鲜膜凉凉，放进冰箱冷藏。

❹木瓜牛奶冻成形后即可取出，切成块，淋上巧克力酱即成。

桂花红豆甜糕

材料 糯米粉、大米粉各200克，红豆80克，糖桂花15克。

调料 白糖50克。

做法 ❶将红豆洗净，煮至软烂，用勺子压碎。

❷将糯米粉、大米粉放入容器中，加入白糖拌匀成糕粉。将清水分次倒入糕粉中（留出少许糕粉备用），用双手搅拌揉搓，使水全部被吸收形成面糊。

❸将煮烂的红豆倒入面糊中，搅拌均匀，放入可以蒸制的容器里。

❹上蒸锅，加盖用大火蒸20分钟左右，待蒸锅上汽后，把留好的糕粉均匀地撒在红豆面糊表面，盖上锅盖，蒸至熟透，撒上糖桂花，切块或长条状即可。

桂花南瓜糕

材料 南瓜块300克，吉利丁片（做需凝固的甜点时用，烘焙店有售）10克。

调料 桂花蜜适量。

做法 ❶南瓜块入锅蒸熟，捣成泥，加泡软的吉利丁片拌匀成南瓜糕，放入冰箱冷藏。

❷将凝固好的南瓜糕取出，用小刀在周围划一圈，倒入凉沸水让其渗入，再将多余的水倒掉，将南瓜糕倒扣出来，切小块，淋入桂花蜜即可。

Tips素食小秘籍 这道甜品样子朴实，味道却无比甜润，再加上桂花蜜的独特香味，简直让人“爱不释口”，实乃休息时及午后不可多得的小甜点。好友小聚时同享此美味，更是人生乐事。

雪梨糖水

材料 雪梨2个，干银耳50克，柠檬1/2个，枸杞适量。

调料 冰糖50克，盐适量。

做法 ❶将干银耳泡发，洗净去蒂，撕成小朵；雪梨洗净后，去皮，去核，切成块；柠檬切片，备用。

❷锅内放入800毫升清水，并将做法❶中的所有材料同调料全部放入锅中，大火烧开后转小火慢炖1小时，撒上枸杞即可盛出食用。

芝麻土豆条

材料 土豆300克，熟白芝麻、面粉各50克。

调料 干淀粉50克，白糖100克。

做法 ❶将土豆洗净去皮，切条；面粉、干淀粉加水调成糊状，把土豆条放入面糊中。

❷油锅烧热，将裹满面糊的土豆条逐一放入油锅中炸成金黄色，捞出，沥干油。

❸另置一锅，放入清水，加入白糖熬成糖汁，将土豆条倒入锅内，边撒熟白芝麻边翻炒，待芝麻均匀粘在土豆条上时出锅。

山药百合木瓜汤

材料 鲜百合200克，山药、木瓜各100克。

调料 冰糖适量。

做法 ❶鲜百合洗净，掰瓣；山药洗净，去皮，切成小块；木瓜洗净，去皮、籽及瓤，切小块，备用。

❷锅置火上，倒入适量水煮开，然后放入百合、山药块、木瓜块，改用中火煮至熟透。

❸将冰糖放入锅内，待冰糖溶化后即可盛出，凉凉食用。

重庆花生奶露

材料 花生仁80克，牛奶200毫升。

调料 白糖适量。

做法 ❶花生仁入沸水中煮开，捞出，剥皮。

❷将花生仁和牛奶一同搅打成浆。

❸将做法❷中的花生奶浆过筛，把剩下的花生渣再次放入搅拌机中，倒入适量清水，继续搅拌之后，再过筛。

❹将两次的花生浆混合，放入锅中煮沸，加入白糖即可倒出饮用。

拔丝甘薯

材料 甘薯500克。

调料 白糖100克。

做法 ❶将甘薯洗净去皮，切成滚刀块。

❷油锅烧热，放入甘薯块炸至微黄，炸制时要不断翻搅，熟后捞出沥干油。油温提高，放入甘薯块继续炸至金黄色，捞出控干备用。

❸锅留底油，放入白糖和适量清水小火熬制，边加热边搅拌，待糖汁可以拔丝了，把炸好的甘薯块倒入锅中快速翻炒，即可盛出。

甘薯姜糖水

材料 甘薯1个，姜片适量。

调料 白糖适量。

做法 ❶甘薯洗净后去皮，切成滚刀块。

❷锅置火上，加入适量清水，将姜片、甘薯块放入锅中，大火烧开后转小火煮软。

❸再加入白糖即可。

Tips素食小秘籍 甘薯含有大量膳食纤维，能刺激肠道，增强蠕动，通便排毒，对老年性便秘有较好的疗效。